NAIL ART MANUAL BOOK

네일아트 매뉴얼 북

김경미 · 김연희 · 정철순 · 이숙희 · 박주희 · 박은정 공저

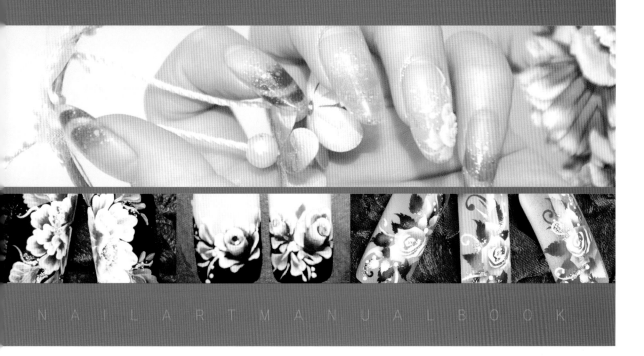

NAILARTMANUALBOOK

光文閣
www.kwangmoonkag.co.kr

책을 내면서……

우리는 살아가면서 타인과는 다른 자신만의 개성을 살리기 위해서 의상, 메이크업, 헤어스타일, 네일, 액세서리 등을 통해 그 사람의 성격, 취향, 라이프스타일까지 추측할 수 있다. 다른 분야에 비해 늦게 도입되어온 네일아트는 현재 상업화, 대중화되어 가면서 개성 있는 라이프스타일을 추구하는 사람들에게 더욱 인기가 높다. 깨끗하고 아름답게 가꿔진 손톱과 발톱은 토털 뷰티 코디네이션의 마지막 완성 단계에 있으며, 이러한 사람들의 관심으로 많은 네일 살롱들이 오픈되어 성업 중에 있으며, 현재 뷰티 아카데미, 대학의 미용학과에서 많은 네일리스트들이 배출되고 있다.

우리가 살아가면서 각 개인의 이미지 연출은 현대 사회에서 경쟁력을 높여 줄 뿐만 아니라 자신의 삶의 질을 높일 수 있는 최고의 수단이 될 수 있다. 이미지 연출에는 전문적인 차원에서 효과적인 토털 패션, 그리고 뷰티 코디네이션이 요구된다. 뷰티 코디네이션을 연출하는 전문인이 되기 위한 네일리스트는 뷰티 코디네이션에 필요한 네일아트의 체계적인 이론과 실습을 통한 연구가 필요하다.

이러한 관점에서 본 저서의 내용은 대학에서 네일아트를 담당하며 정리한 내용들과 실무의 경험을 토대로 네일리스트들이 단순한 기술만 습득하는 것이 아니라 학문과 조형적 아름다움을 갖춘 창의력 있는 디자인을 할 수 있도록, 네일아트의 이론, 실기, 응용을 통해 체계적인 학습을 할 수 있게 저술하였다. 네일아트 이론 편에서는 네일을 전공하는 학생들이 필독해야 하는 부분으로서 네일의 역사, 변천사에서부터 현재 한국, 일본, 중국, 미국의 네일아트 시장의 현황을 다루었고, 손·발의 구조와 해부, 미생물학, 손톱의 위생과 질환, 네일 살롱의 위생과 안전, 그리고 손·발톱 문제점의 해결 방법과 기초 상식을 서술하였다. 실기 편에서는 이론 편을 바탕으로 다양한 네일 기술을 제시하면서 네일 기구와 재료, 그리고 네일 케어의 실무 기초인 마사지와 매니큐어&페디큐어의 시술 과정을 서술하였으며, 팁 시술, 네일 랩, 아크릴 네일, 젤 네일, 파라핀 네일, 제모 과정에 대해 설명하였다. 그리고 마지막 부분에서는 네일아트 응용 기술 과정인 에어브러시, 포크아트, 핸드페인팅, 라인스톤, 3D 등을 다뤘으며 색채 심리와 이미지에 대해서도 간략하게 서술하였다. 이것은 네일리스트들이 기술만으로 고객을 응대하는 것이 아니라 고객을 시술하는 과정에서 다양한 폴리시 색채가 주는 심리 연상을 통해 고객과 더 나은 소통을 할 수 있도록 기본적으로 설명해 놓았다.

이 책을 저술하면서 부족한 점은 많지만 네일리스트가 되고자 하는 모든 분들에게 흥미를 불러일으키는 좋은 학습서가 되기를 바라면서 광문각출판사 박정태 사장님과 조화묵 상무님, 편집부 여러분들에게 깊은 감사를 드립니다.

2009년 여름에

저자 일동

목 차

실기편

이론편

01 네일아트 관리론

1. 매니큐어란?

우리들이 흔히 말하는 매니큐어라고 하는 의미는 손톱에 색을 칠하는 행위, 즉 폴리시를 바르는 것을 지칭한다. 하지만, 매니큐어란 손톱과 손을 아름답게 가꾸는 것을 뜻하고 손톱에 색을 칠하는 것, 손톱의 손질 및 관리법을 뜻한다. 매니큐어는 라틴어의 Manus(Hand)와 Cura(Care)의 합성어이다. 즉, 매니큐어의 정의를 말하자면 'Hand Care'로 손의 관리를 뜻하며, 여기에는 손톱의 모양 정리, 큐티클 정리, 굳은살 다듬기, 손 마사지, 팩, 컬러링, 네일아트 등이 포함되며 네일(nail)은 손톱뿐만 아니라 발톱을 포함하며, 손톱은 fingernail, 발톱은 toenail를 뜻한다.

페디큐어는 라틴어의 Pedis(Foot)와 Cura(Care)의 합성어로서 발의 관리를 뜻하며, 여기에는 발톱의 모양 정리, 큐티클 정리, 각질 제거와 마사지, 팩, 컬러링, 네일아트 등 발에 관련된 모든 시술 과정을 의미하는 것으로 뒤꿈치 굳은살 제거 등의 모든 작업이 포함된다. 옛날에는 귀족이나 부호들이 누리는 사치의 도구로 사용되었으나 오늘날 높은 생활수준과 아름다움에 대한 의식의 변화에 의해 남, 녀 누구나가 어디서나 시술받을 수 있고 매니큐어, 페디큐어는 자신의 개성을 표출하는 패션의 한 수단으로 사용되고 있다. 많은 네일 살롱이 생기고 성행하면서 유행을 앞서가는 마니아들로 인해 현재 네일은 고부가가치 미용 산업으로 발전해 나가고 있다.

네일 아트는 손톱과 발톱에 여러 가지 네일 재료를 사용하여 디자인하는 것으로 인조 손톱의 발달로 다양한 표현 기법이 활용되고 있으며, 현재 넓은 시장성으로 많은 발전을 보이고 있다.

2. 매니큐어의 역사

1) 고대

(1) 이집트

BC 3000년경에 신분이 높은 상류층에서 시작되었으며 주술의 개념에 따라 사용되기도 하였다. 네일은 이집트와 중국의 상류층에서 최초로 관리해왔던 것으로 지금 까지 5000년의 역사를 가진 것으로 기록되어 있다. 고대 이집트의 높은 지위의 남녀들은 손톱을 관목에서 나오는 헤나(henna)라고 하는 붉은 오렌지색으로 염색하였고, 미이라의 손톱에 붉은색을 입히기도 하였다. 왕과 왕비는 짙은 색으로 물들였고, 신분이 낮은 사람들은 옅은 색으로 물을 들였다. 신분 계급에 따라 색상이 달라졌으며 제사와 관련되어 사용되기도 하였다.

(2) 중국

중국에서는 입술 연지를 만드는 홍화를 이용하여 입술과 손톱에 연지를 발라 '조홍'이라 하였다 그 후 달걀흰자와 아라비아산 고무나무에서 얻어진 것으로 색을 만들어 손톱에 칠하였다. BC 6000년경에 중국의 귀족들은 금색과 은색을 만들어 손톱을 칠하였고, 15세기에 들어와서 중국 명나라 왕조는 신분 과시와 미적 감각으로 검정과 빨간색을 손톱에 발랐으며, 중국에서는 시대별로 다양한 색상과 밀랍이나 난백(卵白)을 사용함으로써 특권층 신분을 누릴 수 있었다.

2) 그리스 · 로마시대

남성의 전유물로서 손톱을 관리하기 시작하였으며 그리스 상류계급의 부인들은 전신을 아름답게 치장하는데 전념하였고, 손톱 손질에도 관심을 가져 손톱의 형태를 정리하고 염색했다. 이는 로마에도 이어져 여성뿐만 아니라 남성들 사이에서도 손톱에 물을 들였다고 한다.

3) 중세시대

중세시대에는 아라비아를 중심으로 세계 문화가 발달했다. 아라비아와 교류가 있었던 스페인, 이탈리아에서는 정열적인 붉은 화장이 유행되었으므로 손톱에도 빨간색을 칠하는 것이 유행되었다.

수많은 전쟁이 치러졌던 중세시대에 군인들은 전쟁터에 나갈 때 염료를 사용해 입술과 손톱에 같은 색을 칠해 용맹을 과시하기도 하였는데, 이것은 죽음으로부터 지켜주고 승리를 기원하는 주술적인 의미에서 사용하였다.

인도 여성들은 신분을 표시하기 위해 네일 매트릭스(nail matrix)에 문신 바늘로 색소를 주입하여 손톱 색을 내어 상류층임을 과시하였다.

3. 매니큐어의 변천사

주술적인 의미를 많이 지니고 있는 고대 · 중세시대를 거쳐 산업의 발달로 새로운 재료들이 개발되어진 19세기에는 손과 손톱을 아름답게 가꾸는 매니큐어라고 하는 말이 사용되어진 시기이다. 이때 핑크색 손톱이 유행되었으며 산업의 발달로 네일 폴리시가 개발되면서 헤어, 피부와 함께 네일이라는 새로운 미용 분야가 생기게 되었다.

- 1800년대 : 네일 끝을 뾰족하게 한 아몬드형의 네일 형태가 유행하였고, 일반인에게 점차 대중화되기 시작하였다. 빨간 오일을 바른 후 새미가죽(chamios/샤미즈)을 이용하여 색깔이나 광택을 내기도 하였는데, 이는 네일 컬러의 기원이라 할 수 있다.

- 1830년대 : 유럽의 발 전문의사 시트(Sitts)가 치과에서 사용하던 기구와 도구에서 착안한 오렌지 우드 스틱(orange wood stick)을 네일 관리에 사용했다.

- 1880년대 : 포인티드(pointed type) 손톱 모양이 유행하였다.

- 1885년 : 네일 에나멜의 필름 형성제인 니트로셀룰로오스(nitrocellulose)가 개발되었다.

- 1892년 : 시트(sitts)의 조카에 의해 네일 관리가 여성들의 새로운 직업으로 미국에 도입되었다.

- 1900년 : 도구를 이용한 네일 케어가 시작되고 금속 파일(metel file)이나, 금속 가위(metel scisor)를 이용하기 시작했다. 크림이나 가루로 광을 내고 낙타털을 이용한 붓으로 손톱에 폴리시를 바르기 시작하였으며, 손톱의 관리 부분에 치중한 시기이다. −유럽에서도 네일 관리 본격적으로 시작

- 1910년 : 폴리시 제조회사 플라워리(Flowery)가 뉴욕시에 세워지고 금속 파일과 사포로 된 파일이 제작되었다.

- 1917년 : 보그(Vogue) 잡지에 도구와 기구없이 사용할 수 있는 닥터 코르니(Dr, Korony)의 홈케어 제품이 소개되었고, 방수가 되면서 오랫동안 광택이 유지되는 네일 폴리시의 필요성이 절실히 필요하였다.

- 1919년 : 최초로 폴리시 특허를 받았으며 연분홍색이다.−연한 폴리시 유행

- 1925년 : 네일 폴리시 시장의 본격화되면서 일반 상점에서 폴리시를 구입할 수 있었다. 색상은 투명한 자연색에 국한되었다.

- 1927년 : 프렌치 매니큐어에 사용하는 흰색 폴리시가 제조되었다.− 큐티클 관리를 위한 큐티클 리무버, 큐티클 크림 제조

- 1930년 : 전기기구를 이용한 광택 등 오늘날과 같은 네일 래커 제품 등장과 손톱에 광택을 내는 기구, 네일 폴리시 리무버(enamelremover), 큐티클 오일(cuticleoil) 등이 최초로 개발되었다.(제나 연구팀)

- 1932년 : 최초로 네일 컬러와 입술 컬러를 매치(미국 레브론사), 다양한 네일 폴리시가 출시되고, 금색과 은색 폴리시도 나왔다.

- 1935년 : 팁(Tip/인조손톱)이 개발되었다.

- 1940년 : 빨간 뾰족한 손톱이 유행-남성 손톱관리 시작
  매니큐어의 가격은 25센트에서 3불 50센트 정도였으며, 여배우 리타 헤이워드에 의해 빨간색 네일 폴리시를 길고 뾰족한 모양으로 네일 전체에 채워 바르는 것이 유행하였다. 이때 남성들도 습식 매니큐어를 이발소에서 시술하였다.

- 1948년 : 미국의 노린레호(Noreen Reho)에 의해 메니큐어에 기구를 사용하기 시작

- 1950년 : 짙은 색상보다 자연 네일에 가까운 색상이 유행하여 다양한 자연적인 색상이 개발되었다.

- 1957년 : 미용학교에 헬렌걸리(Helen Gourley) 여사가 네일 케어를 미용학교에서 가르치기 시작, 네일 팁 사용이 늘었으며, 당시 호일(Foil)을 사용하여 시술한 패티 네일(pattinail)이라고 불렀던 아크릴 네일이 최초로 행해졌다. 페디큐어가 등장했다.

- 1960년 : 실크(silk)나 린넨(linen)을 이용하여 약한 손톱을 보강하기 시작하였다.

- 1967년 : 손, 발의 트리트먼트 시작

- 1970년 : 인조 손톱 시술이 본격적으로 시작되고, 아크릴 네일(acrylic nail)이 등장- 이 제품은 치과에서 틀니를 만들 때 사용하는 아크릴릭 재료에서 발전하게 되었고 본격적으로 네일 팁과 아크릴 네일이 행해져 많은 여성들이 긴 네일로 아름다움을 표현했다. 미국 서부에서 시작된 아크릴 네일은 중부로 전해져 많은 학생들이 수강했으며, 네일리스트라는 직업의 위치가 확립되고, 네일 관리와 아트가 유행하기 시작했다.

- 1973년 : 접착식 인조 손톱 등장

- 1974년 : 미국의 식약청(FDA : Food and Drug Administration)에 의해 인체에 해를 끼친다고 메틸 메타이크릴레이드(MMA)같은 아크릴 사용이 금지되었다. 에나멜, 리퀴드, 파이버 랩, 릿지필러, 프라이머, 베이스 코트 등을 제조했다.(오를리 인터내셔널Orly International)-스퀘어 네일 모양이 유행

- 1980년 : 손톱 액세서리가 유행-에시(Essie), 오피아이(OPI), 스타(Star) 등의 제조회사-네일관리 전문제품(베이스 코트, 톱 코트)과 핸드 제품이 출시

- 1982년 : 미국매니큐어리스트태미테일러-파우더, 프라이머, 리퀴드 등 네일 제품개발

- 1989년 : 세계 경제 성장과 함께 네일 산업이 급성장

- 1990년 : 1992년 인기 스타들에 의해 대중화, 1994년 독일에서는 라이트 큐어드 젤 시스템(light cured gel system) 등장, 미국에서는 네일 면허증제도를 도입

- 1992년 : NIA(The Nails Industry Assocition) 창립-네일 산업 본격화되고 정착

- 1994년 : 라이트 큐어드 젤 시스템(Light Cured Gel System)이 등장-뉴욕 주에서 네일 테크니션 면허제도를 도입했다.

고대 시대부터 시작된 네일은 현재까지 미용 산업의 성장과 함께 대중화되어 가고 수많은 네일 살롱들이 정착하며, 고급 네일 문화를 만들어 가고 있기 때문에 네일 제품의 고급화와 전 세계적으로 불고 있는 에코 열풍으로 친환경 성분으로 만든 제품들이 쏟아져 나오고 있다. 또한, 새로운 다양한 네일 테크닉 기법들이 등장하고 있다.

4. 현재 네일 아트 시장의 현황

불과 10여 년 전만 해도 네일아트가 무엇인지 아는 사람은 손을 꼽을 정도로 우리나라 네일아트 분야는 미비했고, 즐기는 층도 외국에서 경험해본 사람들과 미용에 관련된 일을 전문으로 하는 사람이 대부분이라고해도 과언이 아니었다. 그러나 10여 년이 지난 지금 현재 네일은 빠른 대중화와 함께 발전하고 있으며, 핸드 페인팅, 에어브러시, 주얼리피어싱, 2D, 3D 등의 입체디자인과 헤나 등 다양한 아트기법이 등장하였으며, 인조 손톱의 다양한 제품 개발과 함께 빠른 속도로 네일아트의 발전이 이루어지고 있다. 이에 따라 우리나라 네일 산업도 눈부시게 아주 빠른 속도로 괄목할만한 성장을 하고 있다. 여기서는 네일 산업의 대표로 한국, 일본, 중국, 미국의 네일 역사와 함께 현재 네일 시장의 현황에 대해 알아보기로 한다.

1) 한국 네일 아트 역사와 현황

(1) 한국 네일의 역사

우리 한국사회에 깊게 뿌리 내리고 있는 전통적인 유교사상의 영향으로 긴 손톱과 손톱에 컬러를 바르는 것에 좋지 못한 인상을 심어주기 때문에 한국은 네일 분야가 다른 미용 산업에 비해 늦게 도입되었다. 이러한 이유로 네일 산업은 1980년대 후반이 되어서야 시작하게 되었으며, 1988년 이태원에 외국인 상대로 최초의 전문 네일 살롱인 그리피스 네일살롱이 오픈되었다. 1996년 미국 키스(Kiss)사 제품이 국내에 수입 소개되었고, 압구정동에 네일 전문 살롱인 세씨 네일, 할리우드 네일 등이 문을 열었다. 1997년 미국 레브론 계열사인 크리에이티브 네일사가 한국 독립계약 체결로 고급 전문가 용품과 다양하고 우수한 소비자용 제품이 양질의 서비스와 함께 국내에 대량 공급됨으로써 제품 대중화에 기여하게 되었다. 유럽 마칼라 브랜드를 포렐코리아사가 한국에 소개했고, 롯데백화점 내의 세씨 네일 살롱 진출을 시발점으로 네일 대중화에 기여하게 되었다.

일본의 나카소네 사치고 재팬(NSJ)학원이 한국에 분교를 설립하였으며, 한국 네일 협회가 결성되었다. 그리고 미국에서 네일 살롱을 경영하거나 라이센스를 획득한 네일리스트들이 한국으로 돌아와 살롱이나 학원을 경영하기 시작하면서 급성장하기 시작하였다. 1998년에는 민간 자격시험제도가 도입되고 시행되었고, 1999년에는 한국 네일리스트 협회가 창립되었다. 2001년도에는 한국 네일 협회와 한국 네일리스트 협회가 한국 네일 협회란 이름으로 통합 출범하게 되었다. 2002년 네일 산업이 최고의 호황기를 누렸으며, 한국 네일 학회가 발족되었다. 2004년 경기 침체와 함께 네일 업계, 학원, 살롱 등 모든 부문이 구조 조정기에 접어들었으며, 이 시기에 한국 프로 네일 협회가 발족되었다. 2005년 대중화 붐과 함께 구조 조정 후 남은 업체별 경쟁력은 높아져 점차 회복세를 보였으며, 대한 네일 협회가 발족되었다.

(2) 현재 한국 네일 시장의 현황

앞에서 설명하였듯이 우리나라 사람들은 뿌리깊은 유교사상으로 인해 사회 · 문화적 여건상 빨갛고 긴 손톱에 대하여 좋은 인상을 갖고 있지 않아서 네일 미용 산업의 대중화가 어려웠다. 약 10년 전만 하더라도 상류층의 전유물로 여겨지던 네일 미용 산업이 경제와 문화 수준의 향상으로 각광을 받으며 급격히 성장하고 있다. 네일 산업은 미용, 패션의 일부분으로 자리매김하면서 네일리스트라는 신 직업 창출과 함께 독자적인 영역으로 발전하고 있다.

요즈음 인기 연예인들이 네일아트를 하고 TV나 영화에 출연함으로써 일반인들에게 꽤 친숙해졌고, 최근에는 자신만의 개성 창출과 아름다움을 중요시 여기는 젊은 이들 사이에서도 네일아트에 대한 선호도가 높아지며 널리 유행되고 있다.

또한, 대학의 미용 관련 학과와 사회교육 프로그램에서 네일 케어, 네일 아트에 대한 이론 및 실습교육을 함으로써 수요와 공급이 증가되어 점차 대중적으로 확산되고 있다.

한국은 급격한 경제 발전과 문명의 발달로 여러 가지 다양한 직업 중 서비스업이 어느 직종보다 많은 발전을 이루어왔다. 미용 분야 중 네일은 개인의 독특한 개성을 창출하고자 하는 욕구와 더불어 괄목할만한 성장을 가져왔다. 1997년 말 IMF라는 경제적 위기가 불어 닥침으로 해서 국내 미용분야에도 적지 않은 타격을 입었으며, 동시에 이러한 미용 분야의 불황을 타개할 수 있는 기회를 제공하였고 네일이 미용의 3대 분야(헤어, 메이크업, 네일)로 자리매김하는 계기가 됐다.

네일아트의 장점은 창조적이며 단기간에 기술을 습득할 수 있다는 점, 앉아서 시술을 하며 고소득이라는 매력으로 인해 네일 케어는 우리나라 미용업계에 신선한 바람을 일으키며 미용인들의 높은 관심 속에 꾸준히 성장해 나가고 있다. 최근에는 백화점을 비롯한 대형 마트, 전문 네일 살롱, 미용실, 피부관리실 등에 숍 인 숍 형태로 네일 코너가 점차 개설되고 있어 그 수요가 높아지면서 21세기 유망 직종의 하나로 떠오르고 있다. 그리고 여성뿐만 아니라 남성 고객을 위한 남성 전용 네일 살롱도 오픈되어 네일 케어를 시술해주고 발 마사지도 제공하여 미용과 건강이 결합된 관리를 선보이고 있다.

우리나라 미용 산업의 시장 규모는 연간 5조 원에 달한다 여기에서 네일이 차지하는 비율은 5~10% 정도로 2001년 네일 시장 규모는 대략 연간 2,500억 원~3,000억 원 정도에 달한다. 특히 2000년에 비해 2배 이상의 성장률을 보였는데, 업계 관계자는 2002년 이후로는 최소한 전년도보다 30% 이상의 성장률을 보일 것으로 예측하고 있다.

네일 시장은 아카데미, 살롱, 그리고 제품 공급자가 주체가 되어 이루어진다. 현재 네일 시장 산업은 고도의 성장을 보이고 있고 대중화에 맞춰 네일 인조 손톱과 다양한 네일 재료, 네일 기술 개발이 많은 발전이 있었으며 새로운 신기술이 개발되고 있다. 현재 웰빙으로 인해 건강에 대한 폭발적인 관심으로 네일 재료 또한 건강을 생각한 웰빙 재료로 만들어 지고 있다.

현재 우리나라는 생활수준의 향상과 미용 문화에 대한 새로운 인식, 그리고 여성들의 폭넓은 사회 진출, 남성들의 미용에 대한 높은 관심으로 헤어, 패션, 메이크업에 맞는 토털 코디네이션의 개념으로 네일아트를 즐기는 대중들이 점차 늘어나면서 네일 시장 역시 빠르게 대중화되어 가면서 급속도로 성장하고 있다.

2) 일본 네일 아트 역사와 현황

(1) 일본 네일의 역사

일본에는 손톱에 얽힌 말들이 많다. 우리나라와 마찬가지로 밤이나 외출 시 손톱을 자르면 불행이 닥친다는 말도 있는데, 우리나라와 마찬가지로 일본의 많은 지역에서 이를 금기로 여겨왔다. 이것은 주술적 의미로부터 시작한 것이며, 언제부터 시작되었는지 확실하지 않지만, 오늘날 폴리시와 같은 컬러링이 봉선화와 괭이밥, 잎의 방울을 이용하여 손톱에 바르는 손톱 미용이 신분이 고귀한 여성들 사이에서 행해졌다. 이것은 봉선화를 물들이는 것으로 헤이안시대부터 에도시대에 걸쳐 유행하게 되었으며, 오늘날 구마모토와 오키나와 지역에서는 아직도 부적의 의미로서 이 방법을 행하고 있다. 메이지 40년 후 미국으로부터 네일 에나멜이 들어오자 빨강과 핑크빛의 에나멜은 그때까지 아름답다고 여겨 왔던 벚꽃의 핑크빛 이미지를 완전히 깨고 당시 일본에서 센세이션을 일으켰다.

일본은 생활 습관이나 종교에서 오는 관습의 차이 등으로 인해 네일 산업이 미국에 비해 늦은 1980년에 도입되었다. 이후에는 일본에서도 여러 가지 색의 폴리시가 상품화되어 판매되었고, 빨강과 핑크뿐만 아니라 노랑, 검정, 하양, 파랑 등 여러 가지 풍부한 색깔이 개발되었다. 1980년대 중반이 되자 네일 관리 전문 살롱도 등장하고 네일 폴리시 이외의 손톱 제품과 용품도 많이 수입되었다.

다신(茶神)을 섬기는 탓으로 네일 컬러 또한 화려하고 현란하게 나타나고 있다.

습한 기후 때문에 기후에 강한 아크릴 시술이 가장 발달되었으며, 또 미주 지역과 달리 동양인 피부에 어울리는 여러 가지 다양한 디자인이 발달된 편으로 1990년 중반부터 활성화되기 시작하여 현재까지 꾸준한 성장세를 보이고 있다.

처음 도입될 당시 아크릴 네일의 시술비는 500달러 정도였으나, 대중화되면서 1999년 아크릴 네일 시술비가 150~250달러, 습식 매니큐어는 30~60달러 정도로 가격이 많이 저렴해졌다.

네일아트는 일본에 정착하기까지 어려움이 있었으나, 경제 성장과 더불어 사회의 각계각층에 진출하는 여성들이 증가하면서 네일아트는 생활에 꼭 필요한 부분이 되었다.

(2) 현재 일본 네일 시장의 현황

현재 네일 아트와 관련된 각종 대회와 세미나를 개최하여 네일리스트의 위상과 기술 향상에 많은 노력을 기울이고 있다. 일본의 비영리적인 조직인 일본 네일리스트 협회(JNA) 조사에 따르면 2007년도 현재 일본의 네일 시장 매출 규모는 약 1,000억 엔, 네일 살롱 수는 약 8,000, 네일리스트 수는 3만 명을 헤아린다. 그러나 네일 살롱은 소규모로 개업할 수 있기 때문에 개업 속도가 빨라 그 정확한 숫자를 파악하기가 어렵다. 현재 일본은 세계적으로 유명한 네일리스트들를 보유하고 있으며, 미용업계는 토털 뷰티 케어 추세이다. 여성 고객들은 미용과 패션의 일부로 네일 케어를 의식하고 있으며 손질이 잘된 깨끗하고 아름다운 손끝은 자신감의 근원이다. 이처럼 1990년대 후반부터 시작된 네일 붐은 일본에서 네일리스트의 전문직 직업화, 살롱 번창 등으로 네일 산업을 활성화시켰다. 일본의 네일 관련 재료와 네일리스트의 기술은 세계 일류급으로 손꼽힌다. 앞으로는 일본 네일 산업은 미용 살롱뿐 아니라 다양한 공간에서 다양성 있는 컬러로 발전에 발전을 거듭할 것이다. 현재 일본의 네일아트의 기술은 종주국인 미국에 버금간다고 해도 모자람이 없다.

3) 중국 네일 아트 역사와 현황

(1) 중국 네일의 역사

중국은 앞에서 언급하였듯이 이집트와 같이 BC 3000년경부터 네일 관리를 시작하였으며 금색, 은색, 적색, 흑색 등을 사용하여 신분의 차이를 구별하였고 미를 추구함과 동시에 주술적인 의미도 담고 있었다. 현대에 들어서 중국은 개방화와 동시에 산업화의 발달로 특수 신분에서만 누리던 네일 관리가 대중화되어 갔으며 현재에는 미용 산업의 발달과 함께 급성장을 하고 있다.

(2) 현재 중국 네일 시장의 현황

이제 중국 내 뷰티 산업은 대형 신흥 서비스 산업의 하나로 향후 부동산, 자동차, 여행, 전자통신에 이어 5대 신흥 소비 시장으로 부상할 전망이다. 최근 중국 정부가 산업 구조 개편과 일자리 창출을 위해 서비스 산업 육성의 강한 의지를 보이고 있어 그 전망은 더욱 밝다. 여기에 힘입어 뷰티 산업이 급성장하는 가운데 네일아트도 따라서 급성장을 보이고 있다. 현재 베이징, 상하이, 광저우, 푸지엔 등지에서 네일아트 살롱이 급격하게 발전하고 있고 이중 전문적인 네일 아트 살롱은 20~30개에 이르며 각 대형 미용실, 대형 쇼핑몰에서는 네일아트 서비스를 제공하고 있다. 네일아트 살롱은 고용인원이 많지 않고, 시장 규모가 방대하며, 적은 투자 비용으로 많은 수익을 올릴 수 있다. 또한 신흥 업종이기 때문에 많은 투자자들의 주목을 받고 있다. 네일아트에 대한 수요가 급성장함에 따라 네일아트 관련 설비 및 제품 시장은 동반 성장하고 있으며, 우수한 네일아트 기술자, 네일아트 관리사, 전문적인 경영 관리 인원들이 뷰티 시장에서 각광 받을 것으로 전망된다. 소비 연령별로는 31~40세가 소비자층을 이루고 있다.고객들도 미용에 대한 수요가 갈수록 높아져 남성을 위한 전용 살롱을 설치하고 있다. 참고로 중국의 2008년 미용 서비스 총생산액은 2200억 위앤 규모로 지난 3년간 연평균 31.91%의 높은 성장세를 기록하고 있다. 앞으로 중국의 네일 산업은 날로 높아지는 소득 수준을 감안하면 시장 잠재력이 매우 높다고 볼 수 있다.

4) 미국 네일 아트 역사와 현황

(1) 미국 네일의 역사

앞에서 언급한 네일 역사 중 근·현대의 네일 역사는 네일 종주국답게 미국 네일의 역사라 해도 과언이 아니다. 미국에 의해 발전된 네일아트는 네일 케어 및 관련 산업이 1800년을 기점으로 시작해 1970년 소수의 유태인에 의해 네일 시술이 이루어졌다. 1980년대에 접어들면서 한인 교포들이 뉴욕을 중심으로 활동하면서 미국 네일 살롱의 주도권을 갖고 호황을 누려왔다.

네일리스트가 여성 전문직으로 각광받으면서 미용실보다 네일 살롱이 더 눈에 뜨일 정도로 호경기를 맞이했다. 1998년도 미국 통계에 의하면 미국전역에 235,275명의 네일리스트와 35,819개의 네일 살롱이 있는 것으로 집계되었으며, 네일리스트의 약 70%, 뉴욕의 경우 약 80%~85%, 그리고 네일 살롱의 약 60%가 한인 교포인 것으로 알려져 있다. 2002년 미국 전역의 네일 테크니션은 약 35~40만 명이며 네일 살롱도 4~5만 개에 달하는 것으로 추산되고, 한인 네일 테크니션은 뉴욕 네일 시장의 60~70%를 점유하고 있다고 한다. 1998년도 통계에 의하면 미국 전역에 미국에서는 네일리스트를 위한 각종 대회를 각 주에서 행사하고 1년에 몇 차례 주요 세계 대회를 주최하고 있으며, 특히 뉴욕은 세계 네일 산업의 주요 도시로 알려져 있다.

(2) 현재 미국 네일 시장의 현황

미국은 세계 최대 규모의 시장을 형성하고 있는 네일아트 강국으로 꼽힌다. 우리나라 교포 여성들의 주 업종으로 각광받고 있는 네일 산업은 20여 년의 세월 속에서 3천여 살롱과 1만여 한인 종사자들을 가진 동포 사회 최대의 업계로 자리 잡고 있다. 특히 1994년 주정부의 네일 산업 종사자의 라이센스화를 통해서 전문직으로 인정받아 네일 업계의 한인 존재가 대외적으로 확고한 자리를 굳히고 있다고 할 수 있다. 네일 산업의 눈부신 성장과 발전을 거듭한 미국에서 자기만의 개성 창출의 패션 감각을 지닌 수많은 사람들이 찾는 매니큐어, 페디큐어, 그리고 인조 손톱 시장의 매출액은 연간 30억 불 이상이며 매년 25%의 고성장을 해오고 있다.

미국에서 네일은 미용 중 최고의 분야로 손꼽히고 있으며 국내에서 미주 이민을 원하는 여성 중 이민 후 빠르게 자리매김하고 있고, 경제적인 안정을 찾기 위해 네일 기술을 미리 배워가는 이들 또한 적지 않게 볼 수 있다. 근래에는 중국계나 베트남계 여성들이 네일 업계에 많이 진출하고 있어서 한인 교포들과 경쟁을 하기에 이르렀다. 이에 한인 네일 협회에서는 네일아트에 대한 새로운 기술과 신제품 개발에 총력을 기울이고 있다.

미국 네일 시장은 지난 2000년부터 지속적인 성장을 기록해온 가운데 2004년 68억 4000달러를 정점으로 하락세로 돌아선 것으로 조사됐다. 현재 미국 발 금융 위기와 세계적인 경기 침체 속에서 가정 경제가 심한 타격을 입고 실직자가 늘면서 선택적 소비에 속하는 네일 서비스의 소비가 감소하고 있다는 분석이다. 반면 어려운 대

내외 환경 속에서 주요 네일 살롱은 기술, 서비스 변화를 통해 새로운 경쟁력을 모색하는데 힘 쏟고 있으며 경영난을 헤쳐나가고 있다. 미국 네일의 주요 소비층은 30대 중반~40대 후반 여성으로 밝혀졌으며 연령층에 따른 고객 분포는 20세 이하 여성(5.6%), 26~35세 여성(9.7%), 36~45세 여성(28.5%), 46세 이상 여성(28.6%), 남성(8.2%)이다. 최근 남성 고객 비율도 증가해 이들을 위한 특별 서비스가 개발되고 있다.

TEST	현재 네일아트 Trend에 대한 보고서 작성하기

02 손과 발의 해부학

1. 손과 발 뼈의 구조

손목, 손, 손가락의 뼈는 총 27개로 이루어져 있으며, 발의 뼈는 한 발이 26개의 뼈로 이루어져 있다.

1) 손의 뼈

손의 골격은 수근골(Carpal), 중수골(Metacarpal), 수지골(Phalange)로 구성되며 한 손에는 27개의 뼈로 구성되어 있다.

(1) 수근골 (손목뼈, Carpal Bones)

손목을 이루는 뼈로 모양이 다양한 8개의 짧은 뼈로서 손목에 위치하고 있다.

(2) 중수골 (손허리뼈, Metacarpal Bones)

손바닥을 이루는 5개의 뼈로 손등에서 방사상으로 뻗어 있으며, 길고 가느다란 뼈이다.

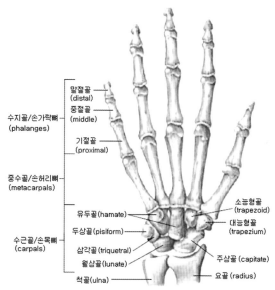

수지골/손가락뼈 (phalanges)
말절골 (distal)
중절골 (middle)
기절골 (proximal)
중수골/손허리뼈 (metacarpals)
수근골/손목뼈 (carpals)
유두골(hamate)
두상골(pisiform)
삼각골(triquetral)
월상골(lunate)
척골(ulna)
소능형골 (trapezoid)
대능형골 (trapezium)
주상골 (capitate)
요골 (radius)

[그림 2-1] 손의 뼈

(3) 수지골(손가락뼈, Phalanges)

손가락뼈를 말하며, 엄지손가락은 기절골(첫마디 손가락뼈)과 말절골(끝마디 손가락 뼈) 2개, 나머지 손가락은 기절골과 말절골, 그리고 중절골(중간마디 손바닥뼈) 3개씩 총 14개의 뼈로 구성되어 있다.

2) 발의 뼈

발목의 뼈는 족근골(발목뼈), 중족골(발바닥뼈), 족지골(발가락뼈)로 이루어져 있다.

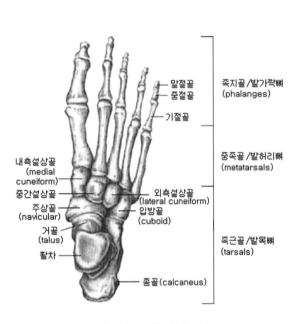

[그림 2-2] 발의 뼈

(1) 족근골(발목뼈, Tarsals)

발목은 7개의 뼈로 구성되어 있다. 근위족근골 3개와 원위족근골 4개로 되어 있다.

(2) 중족골(발허리뼈, Metatarsals)

발의 허리를 형성하는 5개의 장골 형태의 뼈로 저부와 체부, 두부로 구분된다. 엄지발가락의 첫마디 뼈와 인접하고 있는 첫째 중족골은 걷거나 서 있을 때 체중을 감당하기 위해 튼튼하고 크다.

(3) 족지골(발가락뼈, Phalange, 지골)

손가락과 마찬가지로 무지에만 2개가 있고 나머지는 모두 14개의 작은 마디로 이루어져 있다. 발가락에는 기절골, 중절골, 말절골로 구분하며, 말절골 밑단에는 조면 (medial longitudinal arch)이 있어 발톱이 부착되어 있다.

2. 손과 발의 근육

1) 손의 근육

근육은 체중의 약 45%를 차지하고 있으며, 손등은 근육이 미약하게 발달되어 있고 외전근(Abductor), 내전근(Adductor), 대립근(Opponent)으로 나누어지며 세밀하고 복잡한 운동을 담당한다.

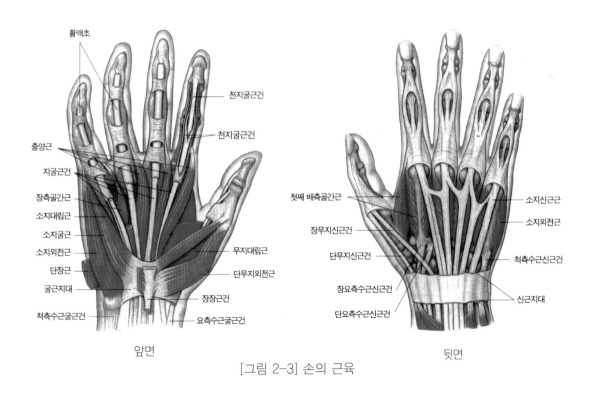

[그림 2-3] 손의 근육

(1) 외전근(Abductor, 외향근)

손가락과 손가락 사이가 붙지 않도록 벌어지게 하는 외향에 작용한다. 손에는 새끼손가락을 벌리는 작용을 하는 새끼손가락 외향근(abductor digitiminimi)과 엄지손가락에 작용하는 긴 엄지손가락 외향근(abductor pollicis brevis)이 있다.

(2) 내전근(adductor, 내향근)

내전근은 손가락이 나란히 붙게 하거나 모으는 내향에 작용한다.

(3) 대립근(opponent)

물건을 잡을 때 작용하며 엄지손가락을 새끼손가락 쪽으로 향하게 작용한다.

2) 팔의 근육

팔의 근육은 어깨관절의 운동에 관여하는 상지대의 근육과 쇄골, 팔꿈치에 있는 상완과 손목, 손가락 운동에 관여하는 전완이 있다.

전완은 19개의 근육으로 되어 있으며, 회내근과 회외근은 전완에서만 볼 수 있는 특징이다.

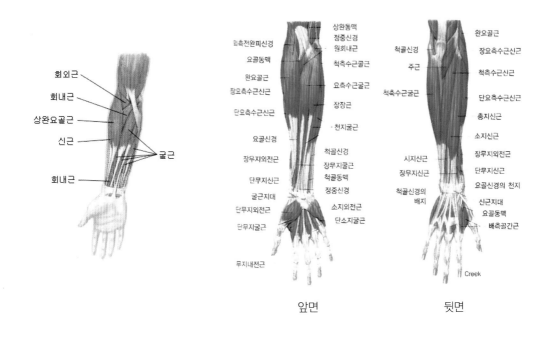

앞면　　　　　뒷면

[그림 2-4] 팔의 근육

(1) 회내근(operator)

손을 안쪽으로 돌려 손등이 위로 향하게 작용한다.

(2) 회외근(supinator)

손을 바깥쪽으로 돌려 손바닥이 위로 향하게 작용한다.

(3) 굴근(flexor)

손목을 굽히는 내·외향에 작용하며 손가락을 구부리는 내·외향에 작용한다.

(4) 신근 (extensor)

손목과 손가락을 벌리거나 펴게 하여 내·외측 회전과 내·외향에 작용한다.

3) 발의 근육

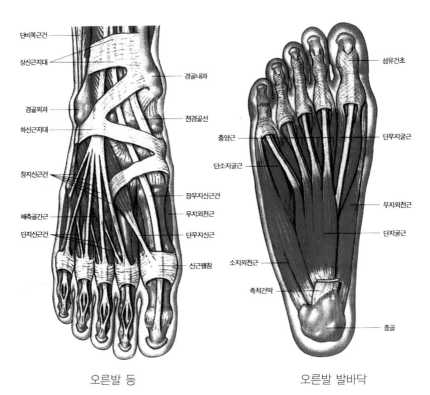

오른발 등   오른발 발바닥

[그림 2-5] 발의 근육

발의 근육은 발등을 이루는 족배근과 발바닥을 이루는 족척근으로 구분되며, 발의 근육은 발등보다도 발바닥이 더 발달되어 있고 발바닥 운동에 관여한다.

(1) 족배근(발등 근육, Dorsal Muscle of Foot)

종골에서 지시하여 기절골에 정지하는 단지 신근과 단무지신근이 있으며, 이 근은 짧고 작은 2개의 근육으로 형성되어 있으며, 발가락 신전에 관여한다.

(2) 족척근(발바닥 근육, Plantar Muscle of Foot)

발바닥을 이루는 9개의 근으로 엄지두덩근(엄지발가락 부위의 근육), 새끼발가락 두덩근(새끼발가락 부위의 근육), 발바닥 근육 무리 등으로 구분된다.

4) 다리의 근육

몸무게를 유지하고 활동하기 적합하도록 발달되어 있고 위치에 따라 장골부의 근, 둔부의 근, 대퇴의 근, 하퇴의 근 및 발의 근으로 구분한다. 주로 발목과 발가락 운동에 관여하는 근들로서 전하퇴근, 외측 하퇴근 및 후하퇴근으로 구분된다.

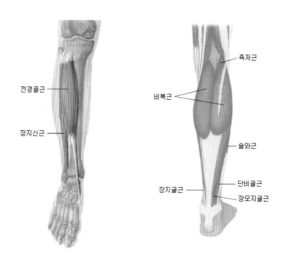

전경골근
장지신근
족저근
비복근
슬와근
장지굴근
단비골근
장모지굴근

[그림 2-6] 다리의 근육

(1) 전하퇴근(앞종아리 근육, Anterior crural muscles)

전경골근, 장지신근(긴 엄지 폄근), 제3비골근, 장무지신근(긴 발가락 폄근) 등 4개의 근으로 구성되며 깊은 비골신경의 지배하에 발목의 운동과 발가락의 펴짐에 관여한다.

(2) 외측 하퇴근(Lateral crural muscles)

발목을 굽히거나 젖히는 작용을 한다.

(3) 후하퇴근(Posterior crural muscles)

종아리를 만드는 강력한 근육으로 천층근과 심층근으로 분류된다.
얕은 층의 비복근, 가자미근 및 족척근과 깊은 층의 장지굴근, 장무지굴근, 후경골근, 슬와근으로 구성된다. 하퇴 세갈래근은 발바닥을 굽히고 발의 뒤축을 올리며, 무릎관절을 굽히는 작용을 한다.

3. 순환계

인체의 모든 조직은 항상 물질대사를 하므로 이에 필요한 영양분과 산소를 공급하고 이산화탄소와 노폐물은 폐와 신장 등을 통하여 체외로 배설시키고 있다. 이런 물질들의 운반을 위하여 일정한 관을 통해 액체를 순환시키는 순환계가 있는데, 이는 혈액을 운반하는 혈관계(Blood Vascular System)와 림프를 운반하는 림프계(Lymphatic System)로 구성되어 있다. 신체 내를 순환하는 혈관계는 폐순환과 체순환이 있다.

1) 혈관계

혈관은 피를 보내는 가느다란 관이다. 사람의 혈관 총 길이는 120,000km이며, 동맥, 정맥, 모세혈관으로 나뉜다.

(1) 동맥

심장박동에 의해 밀려나온 혈액은 온몸으로 보내는 혈관이다. 산소가 채워진 혈액을 심장으로부터 인체의 여러 조직으로 운반한다.

(2) 정맥

몸의 각 부분에서 혈액을 모아 심장으로 보내는 혈관이다. 동맥보다 얇은 벽의 혈관으로 밸브가 있어 혈액을 한 방향으로 흐르게 하고 인체의 여러 조직으로부터 혈액을 심장으로 운반한다. 또한 동맥혈보다 많은 양의 혈액을 저장한다.

(3) 모세혈관

동맥과 소동맥과 소정맥을 연결하는 그물 모양의 매우 가는 혈관으로 한 층의 내피세포로 구성되어 있다. 정맥 사이의 얇고 좁은 모세혈관 벽을 통해서 영양 물질과 노폐물의 교환이 이루어진다.

2) 혈액의 순환

(1) 폐순환(소순환)

우심실에서 출발한 혈액이 폐를 경유한 뒤 폐정맥으로 모여서 좌심방으로 돌아오는 경로이다. 혈액이 온몸을 순환하는 대순환(체순환)과 비교하여 혈액이 심장과 폐 사이만을 순환한다 하여 소순환이라고도 한다.

(2) 체순환(대순환)

체순환은 좌심실에서 출발한 혈액이 대동맥을 거쳐서 신체의 모든 부분에 혈액을 공급하고 우심방으로 돌아오는 경로이다. 혈액을 온몸에 전달해 주는 순환이라고 해서 체순환이라고 부른다.

3) 림프계(Lymphatic System)

림프관과 림프절로 이루어지며 림프를 순환시키는 체계적 기관이다.

혈액의 일부는 전신의 모세혈관을 통하여 조직 간극으로 들어가서 조직액의 기초가 된다. 이 전신 조직액의 일부는 다시 모세혈관으로 되돌아오지만 나머지 부분은 모세림프관(Lymphatic capillary)으로 들어가며 여러 개가 모여서 모세림프관이 된다. 림프관은 거의 모든 조직과 기관에 존재하지만 중추신경계, 뇌경막, 연골, 표피, 내이(평형기관과 청각기관으로 이루어진 귀의 가장 안쪽 부분), 안구에는 없다. 림프관 속을 흐르는 림프는 물과 같이 맑은 액체로 조직액에서 모세림프관에 스며들어간다. 모세림프관 여러 개가 모여 림프관(Lymphatic vessel)이 되고 최종적으로 굵은 본관이 되어 정맥으로 유입한다. 이 경로를 림프계라 하며 림프계는 정맥과 나란히 흐르고 있다.

4) 림프계의 일반적인 기능

① 몸속의 수분, 영양분, 노폐물 등을 운반하는 작용을 한다.

② 림프구가 돌면서 염증에 대항해서 싸우는 면역 감시 기능을 한다.

③ 특수한 면역작용과 조직액을 혈액으로 되돌리는 작용을 한다.

④ 부종을 예방한다.

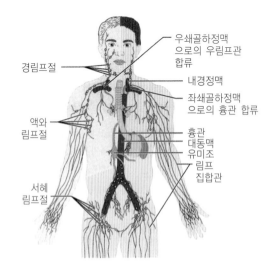

[그림 2-7] 인체에 림프가 분포된 위치와 순환과정

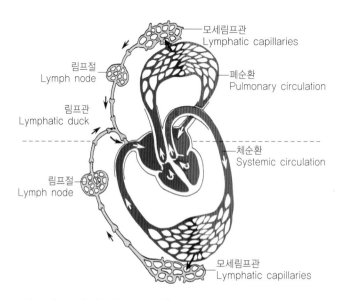

[그림 2-8] 폐순환과 체순환으로 림프계 순환 과정의 배치도

4. 손·발의 반사구

1) 반사구란?

인간의 인체에 불균형이 생겼을 때는 인체의 최말단에 위치한 손(수부), 발(족부)뿐만 아니라 뼈와 혈관 및 신경의 총 집합체에 직접, 간접으로 이상이 나타나는 부위를 말하는데, 그 이상이 나타나는 부위를 물리적 자극을 줌으로써 한의학에서 말하는 양기, 음기의 총집합 장소의 경락과 신경을 통하여 인체에 나타난 상응 질병을 치료하는 방법이다.

2) 반사 건강법의 역사

반사 건강법은 이미 5,000년 전에 시작된 것으로 고대 의서인《황제내경》〈소녀편〉에 기록된 관지법이 그 기원이다. 족건법이 황실에서만 전래되어 온 것은 중국의 뜻있는 중의학자들이 학문의 한 분야로 체계화하여 널리 세계적으로 보급하게 되면서 계기가 되어 우리나라에도 많이 보급되고 있다.

- 1913년 의사 윌리엄 호프 피츠제럴드가 현대의학 측면에서 연구, 정리하여 존 테라피이론으로 의학계에 발표하여서 영국, 스위스, 오스트리아, 독일 등의 학자도 반사구를 연구하여 논문을 발표하였다.
- 스위스 오약석 신부에 의해서 일반에게 널리 알려졌으며 1982년 그의 병리 안마법이 대만에서 크게 유명하게 되었다.
- 미국에서는 반사요법을 행하는 사람을 '리플렉솔로지스트(Reflexollgist)'로 불리우며 강습회를 통해 보급하고 있다. 응급처치, 걷지 못하는 사람, 손쓰기 곤란한 사람 등 그 외 많은 사람들에게 시술하고 있다.
- 우리나라에는 당나라 시대에 전해져서 오늘날 침구술과 지압요법 등 족심도의 계기가 되었다.
- 질병의 예측, 예방, 치유, 에너지의 활성화(氣), 면역 요법 등으로 응용되어 왔다.
- 전 세계 사람들에게 스스로 건강을 지키는 방법으로 알려졌다.

3) 반사 건강법의 원리

순환 기능에 이상이 나타나고 침전물이 말초 신경, 특히 아래쪽 각 반사구에 고이게 된다. 손·발의 반사구를 자극해주면 혈액순환이 좋아져 모세혈관을 통해 침전물이 제거되고 나머지는 혈액을 여과하는 신장 등의 배설기관에 의하여 침전물이 체외로 배출된다. 그리하여 신체의 순환기능이 제 역할을 찾게 되는 것이다. 심장에서 내보내진 혈액은 혈관을 따라 발의 끝에서 다시 심장으로 되돌리는 역할을 발바닥이 하고 있기 때문에 예로부터 발은 제2의 심장이라 불리고, 손은 우리 몸의 축소판이라고 한다. 즉, 반사요법은 순환 원리, 신경반사 원리, 음양 평형의 원리로 이루어져 있다.

4) 반사 건강법의 효과와 장점

효과

- 혈액순환 촉진
- 긴장 완화
- 자율신경 균형 유지
- 림프순환
- 자연 치유력
- 면역력 강화

장점

- 부작용이 없다.
- 물리치료 효과
- 피로회복
- 재활치료 활용
- 부종 완화
- 병후 회복기 면역력 강화

5) 손의 반사구

손은 몸의 축소판이다. 손가락은 오장과 밀접한 관계를 가지고 있으며, 손에는 내장의 기능을 조절하는 기능이 있다. 손의 반사요법은 내장이나 기타의 조직에 이상이 있을 때 그 부위가 신경상으로 연결되어 있는 내장과 조직근육이 피부상에 영향을 주어 여러 가지 변화가 일어난다. 모든 내장병에 양손의 반사구를 자극해 마사지하면 더욱 효과적이다.

6) 반사구 마사지 시술 시 주의 사항

- 고객의 건강 상태에 따라 시술 시간을 조정한다.
- 몸에 중병이 아닌 질병이 있는 고객은 2~3일에 한 번씩 받는 것이 좋다.
- 공복이나 식후 한 시간 전에는 반사구 마사지 시술을 피하는 것이 좋다.
- 마사지 할 때 실내가 따뜻해야 좋으며, 여름에는 에어콘 바람과 선풍기 바람이 고객에게 직접 가지 않도록 한다.
- 수술 후 100일이 지나야 반사구 마사지 시술을 할 수 있다.
- 심장병, 고혈압, 간질병, 암, 내출혈, 임산부, 생리 중일 때는 반사구 마사지 시술을 하지 않는 것이 좋다.
- 당뇨인은 상처가 나지 않도록 크림을 많이 사용해서 시술한다.
- 무좀이 있는 경우 일회용 장갑을 끼고 시술한다.
- 수술 후 상처가 있는 환자는 시술하지 않는다.
- 한 반사구를 5분 이상 자극하지 않는다.

7) 시술 후 시술자의 자세

- 시원한 물에 손과 팔을 깨끗이 씻는다.
- 스트레칭을 하며 몸을 가볍게 푼다.
- 실내를 환기 시킨다.

8) 손의 반사구

손은 몸의 축소판이다. 손가락은 오장과 밀접한 관계를 가지고 있으며, 손에는 내장의 기능을 조절하는 기능이 있다. 손의 반사요법은 내장이나 기타의 조직에 이상이 있을 때 그 부위가 신경상으로 연결되어 있는 내장과 조직근육이 피부상에 영향을 주어 여러 가지 변화가 일어난다. 모든 내장병에 양손의 반사구를 자극해 마사지하면 더욱 효과적이다.

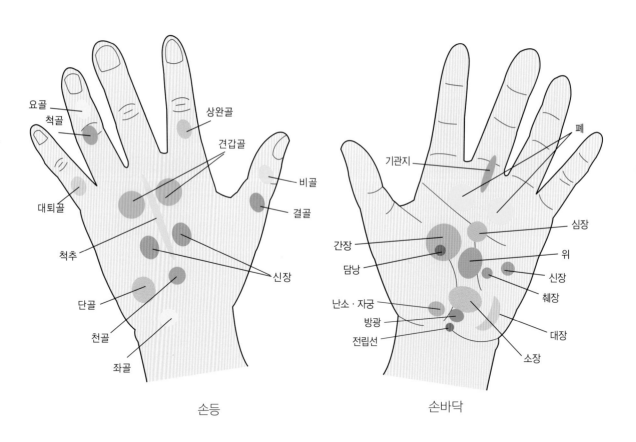

손등

손바닥

[그림 2-9] 손의 반사구

9) 발의 반사구

손과 같은 반사요법이며 제2의 심장인 발을 자극하여 몸의 기능을 향상시키고 각 기관의 음양의 조화를 통해 인체의 향상성을 유지함으로써 즐겁고 건강한 인생을 살아 갈 수 있는 것이다.

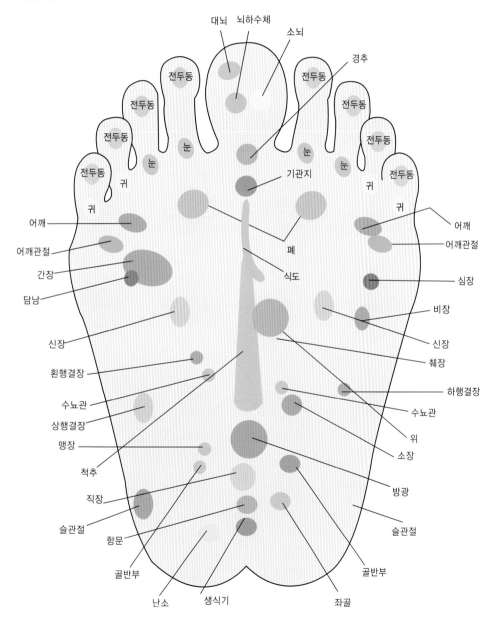

[그림 2-10] 발의 반사구 2

TEST	손·발의 반사구를 이용한 마사지가 건강에 미치는 영향은?

03 손톱의 해부학

1. 손톱의 형성

　인간의 손톱은 태아 때부터 형성되며 손톱으로 건강을 안다고 할 정도로 손톱은 예로부터 건강을 나타내는 곳이다. 심지어 한방에서는 손톱이 인체의 장부에 소속된 모든 경락은 손톱에 직접 연결되어 있어 인체의 생리 및 병리 변화가 충분히 반영되는 존재라고 했다. 그렇다고 손톱 자체에 생명력이 있는 것은 아니지만 손톱도 호흡을 하고 매일 0.1mm씩 자란다.

　물론 개인마다 성장과 생김새의 차이가 있다. 유아나 성장 활동이 활발한 청소년과 젊은 사람일수록 잘 자라고 나이가 들수록 퇴화되어 성장이 둔화된다.

　손톱과 발톱은 피부의 일부가 진화되어 생겨난 것이며 피부의 일부이다. 그래서 피부과 용어로 조갑(爪甲)이라고 부른다. 조갑의 본체는 보통 피부의 각질층이 변형된 것으로 각질을 만드는 '케라틴'이라는 단단한 물질로 이루어져 있다. 하나의 표피가 아닌 0.1~0.2mm의 얇은 층이 겹으로 이루어져 단단한 층을 이루고 있다.

2. 손톱의 역할과 특성

1) 손톱의 역할

손끝을 보호하며, 장식적 기능과 물건을 들어 올리거나, 방어와 공격의 기능을 한다.

2) 손톱의 특성

손톱은 피부의 일부로서 피부나 머리카락과 같은 단백질과 케라틴으로 만들어져 있다. 손톱은 아미노산이 함유되어 있고 물질을 단단하게 만드는 성분인 시스테인도 많이 포함되어 있고 수분도 15%~18%를 함유하고 있다. 손톱은 단백질 성분으로 구성되어 있으나 비타민이나 미네랄 등이 부족한 결핍 현상을 보이면 영향을 받는다. 흔히들 손톱은 숨을 쉬지 않는다고 하지만 조체(nail body)는 산소가 필요하지 않고 조모나 조피 등은 살아있는 세포로서 산소를 필요로 한다. 그들은 수많은 조상(nail bed)의 모세혈관으로부터 산소를 공급받는다. 그러므로 손톱은 분명 숨을 쉬고 있고 신선한 산소를 필요로 하고 있기 때문에 우리들이 네일 제품을 사용할 때 신중을 기해야 하는 이유이다.

3) 손톱의 성장

손톱의 성장은 조모(matrix)에서 시작되며 림프관과 혈관과 더불어 신경이 있는 곳으로 손톱의 세포를 생산한다. 조모에 외부의 압력이 가해지면 손톱이 기형이 될 수 있고 성장이 멈추기도 한다. 손톱 중에서 엄지손톱이 가장 늦게 성장하고 중지손톱이 가장 빨리 자란다. 손톱은 나이, 건강 상태, 계절에 따라 다르고 날씨가 따뜻하면 빠르게 자란다. 손톱이 빠지면 손톱이 다 자라는 데는 6개월 가량 걸리며 하루에 약 0.1mm 정도 자라며 한 달에 약 3~5mm 정도 자란다. 또한, 발톱은 손톱 성장 과정의 1/2 정도의 속도로 성장한다. 사람의 체질과 건강 상태에 따라 조금의 차이는 있다.

4) 건강한 손톱을 만들기 위한 필요한 영양소

건강한 손톱은 0.5mm 두께의 단단하고 탄력이 있어야 하며 손톱의 형태가 올바르게 뻗어 있어야 하고, 분홍빛을 띠며 둥근 모양의 아치형을 형성하고 적당한 수분(15~18%)을 포함해서 매끄럽게 윤기가 나야 한다. 손톱은 수분, 단백질, 케라틴 조성에 따라 건강함이 표면에 나타난다. 손톱을 건강하게 하기 위해서는 동물성 단백질과 달걀, 우유 등을 섭취해야 하며 칼슘이 들어 있는 멸치, 그리고 비타민 A, C, D가 들어 있는 버터, 녹색 채소, 표고버섯 등을 골고루 섭취해야 한다.

5) 손톱을 건강하게 만들기 위한 방법

쉽게 손톱이 깨진다, 금이 잘 간다, 잘 부러진다는 약한 손톱의 대표적인 증상들이다. 약한 손톱을 강하게 만들려면 칼슘을 많이 섭취해야 좋다. 하지만, 사실 손톱은 피부의 일부이기 때문에 뼈처럼 칼슘으로 강화시킬 수 있는 것은 아니다. 손톱을 아름답게 만드는 3대 요소는 단백질, 비타민, 미네랄이다. 단백질은 손톱을 튼튼하게 하고, 비타민은 손톱에 탄력과 윤기를 더해준다. 미네랄이 부족하면 손톱이 얇아지므로 조심해야 한다. 손톱은 피부의 일부이기 때문에 피부에 좋은 영양소가 손톱에도 좋다는 것을 알아두자. 예를 들면 콜라겐은 피부의 탄력을 높여주는 영양소이므로 손톱에도 좋다.

또한, 평상시 손을 건강하게 관리해야 손톱도 건강해 진다. 건강한 손톱의 네일 관리 방법으로는 다음과 같다.

- 세제의 사용 빈도를 줄인다.
- 고무장갑을 끼고 설거지한다.
- 손의 건조 방지를 위해 핸드크림을 꼭 바른다.
- 손톱 끝을 사용하기보다 손가락 마지막 마디를 사용한다.
- 폴리시 리무버는 알코올로 인해 수분이 증발하여 손톱이 깨질 염려가 있기 때문에 알코올이 들어 있지 않는 리무버를 사용한다.
- 약한 손톱은 강화제나 영양제를 바른다.
- 핸드 케어와 네일 케어를 규칙적으로 해준다.

3. 손톱의 구조와 기능

손톱의 구조는 손톱 자체와 손톱 밑, 그리고 손톱 주위의 피부로 구성한다.

1) 손톱의 구조

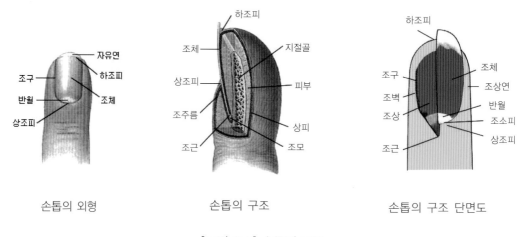

| 손톱의 외형 | 손톱의 구조 | 손톱의 구조 단면도 |

[그림 3-1] 손톱의 구조

2) 손톱의 기능

(1) 손톱 자체

① 조근(네일루트, nail root) : 손톱이 자라기 시작하는 곳이다.

② 조체(네일 보디, nail body, 네일 플레이트, nail plate)는 산소를 필요로 하지 않으며, 신경이나 혈관이 없으며, 조상(네일 베드, nail bed)을 보호하는 역할을 한다.

③ 자유연(프리 에지, free edge) : 손톱의 끝 부분

(2) 손톱 밑

손톱 밑의 구조는 조상(네일 베드, nail bed)와 조모(네일 매트릭스, nail matrix), 반월(루눌라, nail lunula)가 있다.

① 조상(네일 베드, nail bed) : 조체(네일 보디, nail body) 밑에 있는 피부 손톱이 자라는 영양과 수분 공급을 한다.

② 조모(매트릭스, nail matrix) : 조근(네일 루트, nail root) 밑에 위치 손톱의 각질세포를 생성과 성장을 도우며 손톱의 혈관, 신경, 림프관이 있어 손상을 입으면 손톱이 불균형하고 비정상적으로 자랄 수 있다.

③ 반월(루눌라, nail lunula) : 하얀 반달 모양을 하고 있으며, 손톱이 미완성된 부분이다.

(3) 손톱 주위의 피부

손톱을 둘러싸고 있는 피부를 말하며 조소피(큐티클), 조주름(네일폴드), 조구(네일 구르브), 조벽(네일 월), 상조피(에포니키움), 조상연(파로니키움), 하조피(하이포니키움) 등이 있다.

① 조소피(큐티클, cuticle) : 손톱 주위를 덮고 있는 피부를 말하며, 미생물 등 병균의 침입으로부터 보호해 주는 역할을 한다

② 조주름(네일 폴드, nail fold) 또는 맨틀(mantle) : 조근(nail root)이 묻혀 있는 네일 베이스(nail base)에 피부가 깊이 접혀 있는 부분이다.

③ 조구(네일 구루브, nail groove) : 네일 베드의 양측에 좁게 패인 곳을 말한다.

④ 조벽(네일 월, nail wall) : 네일 구루브 부위에 있는 네일 양쪽의 피부

⑤ 상조피(에포니키움, eponychium) : 표피의 연장으로 손톱 베이스에 있는 가는 선으로 반월(루눌라)를 부분적으로 덮고 있다.

⑥ 조상연(페리오니키움, perionychium) : 네일의 전체를 둘러싼 피부의 가장자리 부분이다.

⑦ 하조피(하이포니키움, hyponychium) : 프리 에지 밑 부분의 피부이다.

TEST	건강한 손톱을 만들기 위한 음식물과 관리 방법에 대해 작성

04 손톱의 위생과 질병

1. 소독

1) 소독의 개념

소독은 소독 · 살균 · 멸균의 방법이 있으며, 소독(disinfection)은 물리적 · 화학적 방법으로 미생물의 감염 능력을 떨어 뜨려 약화시키는 것이다. 약한 살균작용으로 인해 세균을 없애지는 못한다. 살균 · 멸균(sterilzation)은 물리적 · 화학적 방법으로 병원성 및 비병원성 미생물과 진균 등 모든 균을 완전히 사멸시키는 것이다. 포자(spore)는 다른 생식세포와의 접합 없이 새로운 개체로 발생할 수 있는 생식세포를 말한다.

2) 소독약 사용 및 주의사항

① 인체에 독성이 없고 자극성이 적어야 한다.
② 사용하기 쉽고 경제적 이어야 한다.
③ 소독약은 용도에 맞게 쓰고 즉시 사용해야 한다.
④ 소독 대상에 따라 맞는 소독약과 소독 방법을 선정한다.
⑤ 병원체 종류 에 따라 멸균, 소독의 목적에 따라 사용해야 한다.
⑥ 소독약은 화공약품이므로 밀봉해서 그늘지고 서늘한 곳에 보관한다.

2. 소독 방법

1) 물리적 소독법

(1) 건열 소독

300~320°C 정도의 강한 열과 불을 이용하여 살균한다.

① 소각 소독법

가장 쉽고도 확실하게 소독하는 일종의 화염멸균법으로 환경 미생물에 의하여 오염된 휴지, 쓰레기와 의류 등 전염의 우려가 있는 물건을 불에 태워 멸균시키는 소독법이다.

② 건열 멸균법

고열에 잘 견디는 물건에 사용하며, 건열에 의하여 미생물을 산화 또는 탄화시켜서 멸균하는 방법이다. 전기를 이용하는 건열멸균기를 사용하는 소독으로 온도는 160~170°C 정도에서 한두 시간 건열로 미생물과 포자를 산화시켜 완전하게 살균하는 방법이다. 유리기구, 주사기, 금속, 도자기류 등의 소독에 사용된다.

③ 화염 멸균법

소독하고자 하는 대상을 직접 불꽃에 접촉시켜 표면에 있는 미생물을 태워 없애는 소독법으로 알코올 램프와 천연가스 램프 등이 사용된다. 최소 20초 이상 가열하는 것을 기본으로 하며, 이 · 미용기구 소독에 적합한 방법이다.

(2) 습열 소독

물에 끓이는 방법과 증기를 가열하여 소독하는 방법이다.

① 저온 살균법(Pasteurization)

저온소독법은 프랑스의 세균학자인 파스퇴르(PasteurLouis)에 의해서 고안된 방법이며, 일반적으로 62~63°C에서 30분 정도의 온도와 시간을 기준으로 말한다. 소독할 대상은 주로 음식물에 효과가 더 있다.

② 자비 소독법(Boiling water)

물을 끓여서 하는 방법으로, 약 100°C의 끓는 물속에 소독할 물품을 직접 담가서 20분 이상 끓이는 방법으로 가장 간편하지만 완전한 멸균처리는 되지 않는다.

③ 고압증기 멸균법(Sterilization by high pressure steam autoclaving)

병원과 실험실에서 많이 사용되는 멸균법으로 고압솥에서 121°C로 15~20분 정도 가열한다. 포자까지 완전히 사멸되어 멸균되는 이 소독법은 주사기, 수술기구, 거즈, 의류 등의 소독에 사용된다.

(3) 자외선 소독

자외선 중 260~280mm의 파장이 가장 살균력이 강하며, 기구와 장비들을 먼저 비누와 물로 깨끗이 씻은 후 자외선 살균소독기에 넣어 20분간 소독하는 방법이다. 전통적인 방법으로 햇빛에 소독을 할 수도 있지만, 이 경우 자외선의 침투력이 약해서 햇빛에 직접 닿지 않는 부분은 살균이 잘 되지 않는다.

2) 화학적 소독법

화학적 살균법이란 미생물에 대하여 살균력을 갖고 있는 화학적 약제를 사용하는 방법으로 세균을 죽이는 액체 제품인 방부제나 소독제를 이용한다. 방부제는 박테리아를 죽이지 않고 활동을 억제시킨다. 그리고 소독제는 모든 박테리아를 해롭지 않게 만드는 것이다. 물리적 살균법으로 적절한 효과를 얻지 못하는 미생물에 대해 화학적으로 실시할 수 있는 살균법이다.

(1) 화학적 소독제 종류

① 방부제(안티셉틱 Antiseptics)

- 요오드팅크(iodine tincture) : 2% 용액은 찰과상이나 상처를 소독할 때 사용된다.
- 머큐로크롬(mercurochrome 빨간색) : 2% 용액은 가벼운 상처 또는 찔린 상

처에 사용한다.

- 메티올레이트(merthiolate) : 살균 및 방부제로서 1% 용액으로 요오드팅크와 같은 용도로 사용된다. 상처 부위에 발랐을 때 통증은 없다.
- 붕산(boric acid) : 눈을 씻을 때 5% 용액이 사용된다. 눈을 보호하기 위해 용액을 충분히 탈지면에 적셔 사용한다.
- 포르말린(formalin) : 기본 농도는 40%로, 작업장, 타월, 캐비닛 등의 실내 청소에 사용된다. 20% 용액은 도구나 기구 소독에 쓰이며, 글리세린이 첨가되어 있지 않는 경우 녹이 슬게 된다. 5% 용액은 손을 세척할 때 사용된다.
- 클로라민(chloramine) : 강한 산화작용이 있고 물이나 알코올에 녹는 백색의 결정성 분말로 1% 용액으로 사용하도록 되어 있으며, 감염 부위나 손을 세척하는데 사용된다.
- 요오드(iodine) : 2% 용액은 상처를 소독하는 데 사용된다.
- 알코올(alcohol) : 60% 용액은 손이나 피부를 소독할 때 방부제로 사용된다. 이와 같은 방부제 중 네일 살롱에서 주로 사용하는 것은 알코올, 포르말린, 요오드 등이다.

② 살균제
- 알코올(alcohol) : 기구소독에는 70% 용액이 주로 사용되고 도구들을 20분 정도 담금
- 석탄산(phenol 페놀) : 독성이 강하므로 사용시 용액제로 쓰며, 보통 3~5%의 수용액으로 세면대, 바닥, 도구 등의 소독에 사용된다.
- 크레졸 비누액(cresol) : 석탄산에 비해 소독력이 2배에 가까우며 손, 피부, 의류, 고무제품, 금속 등을 소독할 때 1%의 용액을 사용하면 된다. 그러나 손상된 피부에는 사용하지 않으며, 바이러스에는 소독 효과가 적고 세균 소독에는 효과가 크다.
- 포름알데히드(formaldehyde) : 금속, 고무, 플라스틱 등의 기구 및 용품을 소독할 경우 1~2% 용액이 사용되나, 자극과 독성이 강하므로 사용 시 주의를 요한다.
- 염소(chlorine) : 기구, 손, 식수, 수영장, 그릇, 전염병 등의 소독에 사용되며, 독성이 적고 값이 저렴하지만, 금속을 부식시키고 피부를 자극하는 단점이 있

다. 이와 같은 소독제 중 네일 살롱에서 주로 사용하는 소독제는 포르말린, 알코올, 소듐라이트 등이다.

(2) 우리나라 네일 살롱에서 가장 많이 사용하는 소독제

① 알코올(Alcohol)

무색, 무취한 소독제로서 70% 용액으로 사용한다.

② 에틸, 이소프로필

인체에 주로 사용한다.

③ 메틸

기구, 도구 소독에 사용하며 최소 20분 이상 담궈 놓는다.

3) 소독기의 종류

네일 관리가 끝나면 기구들은 깨끗이 씻은 후 소독제에 20분 정도 담궈 놓고 기구로 인하여 네일리스트, 고객의 손·발톱이 감염되지 않도록 매일 청결하게 소독해야 한다.

(1) 알코올 소독기

손과 발 소독에 주로 사용되며 소독력이 약하여 아포를 죽이는 효과는 없다. 알코올이 들어 있는 용기에 기구를 담가둔다.

(2) 자외선 소독기

기구를 약품에 소독한 후 물기를 깨끗이 닦아낸 다음 자외선 살균기에 넣어 소독하며, 주로 많이 사용한다.

(3) 건열 멸균기

180~200°C의 온도에 맞추어 약 30분 정도 공기로 열을 가해서 소독한다. 대부분 멸균기 바깥 부분에 온도조절 장치와 온도계가 장착되어 있다.

(4) 고압증기 멸균기

120°C에서 20분 정도, 134°C에서 5분 정도 소독한다. 이때 중탄산나트륨을 약 0.5% 섞으면 효과가 더욱 좋다.

(5) 크리스털 멸균기

멸균기 안에 크리스털을 집어넣고 약 220~240°C 정도 가열시켜 기구를 소독한다. 크리스털은 약 15~20분 정도 경과해서 가열시키며 계속적으로 반복 사용할 수 있는 장점이 있다. 높은 온도에서 소독을 하기 때문에 멸균기 안에 기구를 너무 오래 담가두면 손상될 우려가 있으므로 재질이 약한 기구를 5초 이상 담가두는 것을 삼가고, 금속성 기구는 20~25초 정도 담가둔다.

3. 손톱의 위생

1) 박테리아(Bacteria)

지구상에서 가장 많은 유기체이며 세균을 말한다. 거의 모든 환경에 존재하는 한 개의 세포로 이루어진 단세포 미생물로 현미경으로만 크기를 볼 수 있는 가장 작은 균이다. 지구상에는 15,000종류의 박테리아가 있는 것으로 알려져 있으며 땅, 물, 공기, 먼지, 배설물, 옷, 인체의 피부, 인체의 분비물, 손·발톱 밑, 네일 도구, 기구 등에 기생한다. 일부 세균은 질병을 일으키지만, 대부분은 무해하며 사람에게 유익한 종류도 많이 있다.

(1) 박테리아의 분류

박테리아는 크게 인체에 무해한 비병원성 박테리아와 인체에 유해한 병원성 박테리아로 분류된다.

● 비병원성 박테리아

① 비병원성 박테리아는 세균의 70%를 차지한다.

② 물질을 부패하거나 분해시키는 중요한 기능을 한다.

③ 죽은 생물에 기생하여 그것을 썩게 한다.

④ 음식물을 가공하거나 항생물질로 사용한다. 질병을 일으키지는 않는다.

⑤ 사람의 입 안과 장기 내에 가장 많으며 음식물을 분해시켜 소화작용을 돕는 역할을 한다.

⑥ 토양을 기름지게 하는 비료의 합성물에 사용되기는 한다.

⑦ 인체에 유익하며 해를 끼치지 않는다.

● 병원성 박테리아

30%의 세균만이 병원성 세균으로서 인체에 유해하다. 사람의 감염과 질병에 가장 많은 원인이 되며 위험하다. 이들은 살아있는 식물이나 동물의 조직에 침입하여 서식하고 번식하여 조직 속에서 독소나 유해물질을 발생시켜 질병을 확산·전염시킨다. 병원성 세균은 구균(coccus), 간균(bacillus), 나선균(spirillum) 등 크게 세 가지로 나누어진다.

구균　　나선균　　간상균　　쌍구균　　연쇄상구균　　포도상구균

① 구균(coccus)

　구슬 모양의 화농성 유기체로써 한 개씩 또는 집단적으로 나타난다.

　• 연쇄상구균(streptococcus) : 다양한 형태의 사슬로 연결되어 서식하며, 온몸에 퍼져 패혈증, 류머티즘 등 열을 일으킨다.

　• 포도상구균(staphylococcus) : 불규칙한 포도송이 모양으로 무리를 지어 서식하며 종양, 종기, 농포 등으로 국수적인 감염을 일으킨다.

　• 쌍구균(diplococcus) : 캡슐 안에서 쌍으로 서식하며, 폐렴 등을 일으킨다.

② 간균(bacillus)

　가장 흔한 것으로, 짧은 막대 모양으로 파상풍, 인플루엔자, 장티푸스, 폐결핵, 디

프테리아 등을 유발한다.

③ 나선균(spirillum)

나선 형태의 세균으로 되어 있으며, 나선 수가 적은 트레포네마(treponema)와 나선 수가 많은 렙토스피라(leptospira) 등이 있다. 트레포네마는 매독을 유발시키며, 렙토스피라는 황달과 수막염 등의 원인이 된다.

2) 박테리아의 성장과 번식

박테리아는 따뜻하고 어둡고 습기가 많은 곳에서 성장·번식하며, 성장 증식한 박테리아는 양분이 없고 건조하고 차가운 상태에서는 활동을 하지 않는다.

박테리아는 1g의 오물 속에 25억 마리가 포함되어 있을 정도로 지구상의 가장 많은 유기체이다. 세균은 빠른 속도로 번식하며 1개의 세균이 반나절 동안 약 1,600마리로 번식한다. 박테리아는 사람, 곤충이나 동물에도 서식한다. 지구상 거의 모든 곳에 서식한다고 해도 과언이 아니다. 매 20분마다 하루에 72회 증식한다.

(1) 바이러스(Virus)

바이러스는 살아 있는 동물·식물·미생물 세포에서만 증식할 수 있는 크기가 작고 성분이 간단한 감염성 병원체이다. 비루스라고도 하며 바이러스는 건강한 세포에 침투해서 번식되어 세포를 파괴한다. 간염, 수두, 인플루엔자, 홍역, 유행성 이하선염, 그리고 감기는 바이러스 감염으로 감염된 사람과 우연히 접촉하거나 재채기 혹은 공기에 의해서도 감염될 수 있다. 네일 시술 시 혈액을 통해 B형간염바이러스, AIDS의 HIV에 감염될 수 있으므로 일회용이 아닌 큐티클, 니퍼는 고객을 시술할 때마다 소독해야 하며, 발의 각질을 제거하는 크레도 면도날은 일회용을 사용해야한다.

● 바이러스의 분류
① 피부 친화성 바이러스 두창(variola), 우두(cowpox), 헤르페스(herpes)
② 폐 친화성 바이러스 인플루엔자, 아데노바이러스(adenovirus)
③ 장기 친화성 바이러스 일본뇌염, 광견병, 소아마비

④ 범 친화성 바이러스 홍역, 뎅그열(dengue)

(2) 후천성면역결핍증(AIDS : Acquired Immune Deficiency Syndrome)

AIDS는 HIV(Human Immunodeficiency Virus)라는 바이러스에 의해 유발되며, 인체에 침입하면 면역계를 파괴하게 된다. 이 병은 감염된 상태에서 10년까지 잠복할 수가 있으나, 결국은 2년에서 10년 사이에 치명적인 상태가 될 수 있게 성장된다.

HIV는 감염된 사람과의 접촉, 즉 재채기나 기침 등으로는 감염되지 않고 정액이나 혈액으로 다른 사람에게 옮겨지게 된다. 또한, AIDS는 감염된 사람과의 육체관계, 정맥주사 바늘, 감염된 혈액 수혈 등을 통해 감염되고, 임신 중이나 출산 시에도 태아에게 감염된다.

(3) 진균(Mold, Fungi)

진균은 곰팡이를 말하며, 피부사상균과 캔디아만이 사람에게 전염되어 병을 일으킨다. 모든 종류의 균류와 사상균을 포함하고 있으며, 다세포 구조로 되어 있고 기생성 유기체를 말한다. 진균 감염증은 표피성진균증, 피하성진균증, 심제성진균증으로 구분된다.

● **진균증(Mvcosis 사상균증)**

표피성 진균증(Superficial)
피부, 모발, 손·발톱 등 신체 외부에 감염되는 것으로, 네일 살롱에서는 네일 몰드와 네일 진균이 있다. 이 둘은 전염성이 있기에 네일 서비스를 하지 않는다.

① 네일 몰드
몰드는 인조 네일과 자연 네일 사이에 생기는 습기, 열, 공기에 의해 균이 번식되어 발생되는 곰팡이균류(진균증)이다. 자연 네일 수분 함유율은 12~18%이나, 몰드가 발생한 경우의 수분 함유율은 23~25%이다.
네일 색이 처음에는 연한 황록색처럼 보이지만 점차 녹색에서 까맣게 변하다가, 일정 기간이 지나면 네일은 약해지며 나쁜 냄새가 나고 결국 손톱이 떨어져 나간다. 그러므로 몰드 발견 시에는 즉시 장갑을 끼고 인조 네일을 제거하고 자연 네

일 부위를 최대한 깨끗이 처리한 후 시술에 사용된 제품은 모두 버린다. 피부과 전문의에게 상담한다.

② 네일 진균(Fungi)

네일 표면에 변색이 생겨 프리 에지에서 큐티클 쪽으로 갈수록 색상이 진해진다. 네일 진균이 진행될 경우 네일 베드와 네일 보디의 분리 현상이 발생되므로, 즉시 인조 네일, 에나멜 등을 제거하고 자연 네일을 깨끗하게 처리해 준다. 그리고 의사와의 상담을 권한다. 네일 진균 고객은 전염성이 있으므로 반드시 장갑을 끼고 시술해야 하며, 일회용품을 사용하거나 사용하는 기구의 위생과 소독을 철저히 하도록 한다.

● 피하성 진균증(subcutaneous mycosis)

대개 피하조직에 국소화되며, 토양 중에 존재하는 많은 종류의 진균이 피부 상처를 통해 감염된다.

● 전신성(systemic mycosis, 심재성 진균증)

장기까지 침범하며, 원발성 감염증과 특이 및 비특이 방어기전에 이상이 있을 때 감염되는 기화성 감염증이 있다.

(4) 포자 등에 의한 알레르기(allergy)

알레르기 비염 등이 있으며, 이는 대기 중 곰팡이의 포자로 인해 생기는 것이다. 곰팡이는 무한한 다양성과 뛰어난 적응력 때문에 지역에 관계없이 주거지의 옥외나 옥내에 공통적으로 분포하며 연중 비슷한 정도로 증세를 유발한다. 특히 7, 8월에 분포가 절정에 달해 일시적인 증상의 악화를 유발하기도 한다.

(5) 진균 중독증(mycotoxicosis)

진균 또는 세균의 독소에 의한 중독, 맥각(ergot)과 같은 진균을 섭취해서 일어나는 중독, 진균 곰팡이의 유독 대사 산물인 마이코록신 등에 의해 야기되는 독소에 의한 질병군을 말한다.

(6) 기생충(파라사이트, Parasite)

기생충은 생물의 몸에 기생하며 그 영양을 취하는 생물로서 질병의 원인이 되어 병원체라고도 일컫는다. 이것을 유기체의 표면에 기생하는 참 진드기, 이 등의 외부 기생체와 유기체의 몸체 안에 기생하는 연충류, 원충류 등의 내부 기생체로 분류하거나, 동물성 파라사이트(옴벌레, 이)와 식물성 파라사이트(버짐을 유발)로 분류하기도 한다.

(7) 리케차(Rickettsia)

리케차는 미국 병리학자의 이름이며 세균보다는 작고 바이러스보다는 큰 조직이다. 이들은 일반적으로 사람이나 동물에게 열과 함께 심각한 급성 질병을 일으킨다. 참 진드기, 이, 벼룩 등에 의해 급성·열성 질환으로 발열, 피부 발진, 맥관염(angiitis) 등의 증상이 나타난다.

4. 감염

박테리아는 우리 주변에 어디에나 존재하며 피로하고 기력이 쇠약할 때 면역력이 떨어지므로 세균에 감염되기 쉬우며 세균의 감염 경로는 다음과 같다.

① 사람이 호흡할 때 공기 중에 떠 있는 박테리아가 몸 안으로 들어온다. 재채기, 기침, 사람이 마시는 공기로 박테리아가 감염된다.
② 날 음식은 냉동하거나 씻을 때 특별히 조심해야 한다. 박테리아에 감염될 수 있기 때문이다.
③ 병에 걸린 사람이 사용한 물컵이나 도구에 의해서 감염된다. 이런 물건에 상주하는 박테리아가 그 물건을 만지는 사람에게 전염된다.
④ 키스, 피부 접촉, 악수 등에 의해서 감염된다.
⑤ 오염된 물을 마시거나 목욕을 할 때 감염된다.
⑥ 입이나 피부의 상처, 코나 입으로 호흡을 했을 때, 모기나 파리에 의해서 감염되

기도 한다. 박테리아가 몸속에 침투하면, 박테리아는 실 모양의 돌기인 편모를 사용해서 혈액 속이나 세포질 내로 이동한다.

1) 국소 감염과 전신 감염

국소적 또는 전신적으로 감염은 일어날 수 있다. 국소 감염은 종기나 부스럼 같은 신체의 한 부분으로 제한된다. 그러나 국소적 감염을 소홀히 하면 패혈증과 같은 전신 감염을 초래할 수도 있다. 전신 감염은 신체의 어느 한 부위에서 다른 부위로 퍼져간다.

2) 전염성과 비전염성 질병

감기는 전염성이 있어서 다른 사람으로 옮길 수 있다. 암과 같은 비전염성 질병은 다른 사람에게 전염되지는 않는다. 오늘날 네일리스트는 가장 일반적인 전염성 질병인 감기, 독감 등에 노출되어 있다.

3) 면역

우리의 생명 조직에는 감염에 대한 방어력과 면역성이 있다. 면역성이란 감염에 대해 저항하고 감염을 예방할 수 있는 체내의 능력을 말한다. 우리의 인체는 건강해야만 질병에 대한 면역성이 생긴다.

(1) 선천적 면역(자연 면역체계)

우리는 태어나면서부터 부모로부터 면역성에 대해 유전적으로 물려받는다. 건강한 몸을 유지하면 감염에 대한 면역성을 기를 수 있으며, 우리의 인체가 미생물에 저항하는 방법은 다음과 같다.

① 정상적인 피부에는 이들을 보호하는 층이 있다.
② 땀과 소화액을 분비함으로써 질병을 발생시키는 미생물의 생식을 저지시킨다.
③ 혈액에는 백혈구와 항독소를 포함하고 있고, 또한 균을 죽이고 또 이들이 발생시

키는 독소에 저항하게 된다.

(2) 후천적 면역(자연적으로 얻어지는 면역성)

한 번 감염된 질병에 의해서 얻어지는 면역으로 단백질의 미분자와 같은 항체가 혈액 속에 남아 같은 질병을 발생시키는 미생물에 대한 저항력이 있다.

(3) 인공적 면역(인위적으로 얻어지는 면역성)

인체에 질병을 일으키는 미생물을 포함한 백신(혈청)을 주사함으로써 백신은 질병에 저항할 수 있는 체내의 항체를 만들어 준다.

4) 살롱에서의 감염 경로

① 오염된 네일 도구와 기구, 제품 용기 및 수건 등에서 아주 빠른 속도로 번식하며, 감염된다.
② 살롱에서 시술할 때 고객과 네일리스트에게 서로 감염될 수 있고, 이것은 인조 네일과 자연 네일 사이에 감염될 위험성도 있다.
③ 시술 시 네일 아티스트 혹은 고객의 상처를 통해 감염된 미생물이 다른 사람에게도 쉽게 감염될 수 있다.
④ 살롱 실내 공기, 화장실의 물건 또는 문손잡이에서도 감염될 수 있다.

5) 감염에 대한 예방

① 네일 살롱은 위생관리에 대한 안전 수칙을 준수한다.
② 위생관리를 제대로 하지 못하면 네일리스트, 고객 모두 질병으로부터 안전하지 못하다.
③ 네일리스트, 고객이 보균 상태이거나 감염되어 있을 때는 네일 시술을 하지 않는다.
④ 시술할 때 상처를 내지 않도록 해야 하며 상처가 있는 고객은 시술하지 않는 것이 좋다.

⑥ 살롱 실내 환기를 자주해 주어야 하며 항상 모든 도구와 기구를 소독해서 청결을 유지해야 질병으로부터 안전할 수 있다.

5. 손톱의 질환과 장애

살롱에서 고객에게 시술하는 네일리스트는 비정상적인 네일에 대해서 알고 있어야 하고, 네일의 질환과 장애를 인지할 수 있어야 한다. 이들 네일을 시술해도 되는지 안 되는지를 결정하기 위해 고객과 충분한 상담을 통해 결정하여야 한다. 네일의 질환과 장애는 치료해야 할 상태가 있고, 질병이 있는 네일은 시술이 행해져서는 안 된다.

1) 네일 살롱에서 시술 가능한 손톱의 질병

손·발톱의 질병은 외부 요인에 의한 자극, 바이러스에 의한 감염, 또는 불규칙적인 식습관이나 태도에 의해 발생된다. 네일을 지칭하는 전문용어인 오닉스(onyx)는 네일(nail)에 대한 학명이다. 비정상적인 장애들은 그 명칭이 그리스어로 되어 있으며 오닉스는 Oncho에서 기인된 것이며, 네일에 관련된 것을 의미하고 오니코시스(Onychosis)는 네일 관련 질환을 지칭하는 종합적인 단어이다.

(1) 위축된 네일(네일 바디 위축증, Onychatrophia, 오니카트로피아)

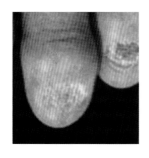

위축된 네일은 오그라들며 떨어져 나가고 자연 색상이 변한다. 네일에 윤기가 없고 전체적으로 색이 어두우며 네일이 마모되는 것이다. 강한 비누화학 제품, 매트릭스에 손상을 입었거나 혈액순환장애, 당뇨 등의 내과적 질환으로 유발된다. 이것은 사상균으로 잘못 인식되기도 한다. 의사에게 상의하며 심한 경우는 정기적으로 치료해야 하지만 가벼운 경우는 간단히 할 수 있다.

(2) 물어뜯긴 네일(교조증, Onychophagy, 오니코화지, Bitten nail)

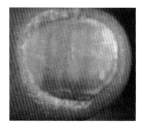

물어뜯는 손톱을 말하며 정서적불안과 초조감에서 오는 습관적 행동으로써 버릇을 고치면 좋아지지만 그렇지 못하면 인조네일을 붙이거나 매니큐어링을 해서 고칠 수 있으나 꾸준한 노력이 필요한다.

(3) 파란 네일(Onychocyanosis, 오니코사이아노시스, Blue nails)

네일에 혈액순환이 좋지 않아서 네일의 색이 푸르게 되는 것이다 이런 증상을 가진 고객은 담당 의사에게서 근본적인 원인 제거를 위한 치료를 받아야 한다

(4) 멍든 네일(Bruised Nail, Hematoma 혈종)

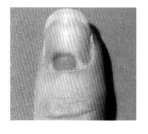

네일 베드(Nail Bed)가 어떤 손상을 받았을 때 피가 응결된 상태를 말하며 손톱의 색상은 적갈색에서 흑색으로 변할 수 있다. 멍든 손톱은 때에 따라서는 치료하는 기간 중에 손톱이 떨어져 나갈 수도 있다. 매트릭스가 손상되지 않은 경우에는 수개월 후 네일이 성장하면서 자연스레 없어진다. 멍든 손톱에는 인조네일을 시술해서는 안된다

(5) 계란껍질 네일(Egghell Nail, 에그쉘 네일)

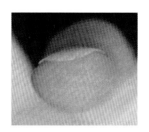

네일 표면적이 희고 얇으며 프리 에지(Free edge)가 휘어 있고 영양 상태가 부적합하거나 다이어트, 비타민 부족, 내과적 질환, 신경계통의 이상으로 발생하는 경우가 많으며 매니큐어링을 할 때에는 조심해야 한다. 예를 들어 금속 푸셔(Pusher)를 사용할 때에는 힘들 빼고 네일 베이스를 살살 밀어 올려야 하며 파일은 부드러운 쪽으로 사용하는 것이 좋다

(6) 주름잡힌 네일 (Furrow & Currugation Nail, 퍼러우 또는 코루게이션)

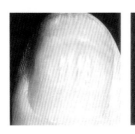

네일에 세로나 가로로 주름이 잡혀 있으며 손톱에 세로로 줄이 있는 경우에는 정상적인 사람도 있으며 세월의 흐름에 따라 같이 커지기도 한다. 네일 베드까지 골이 있는 경우에는 신진대사가 원활하지 않다고 볼 수 있으며 순환기 계통의 질환이나 과도한 네일 케어에 의해서 나타난다. 손톱에만 나타나는 경우에는 위장에 이상이 있을때 나타날 수 있다

(7) 백색 반점(White Spot, leuconychiam, 루코니키아)

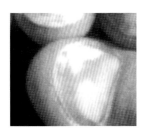

가장 일반적인 손톱 이상으로 손톱 표면에 작은 흰 점이 나타 난다. 작은 상처로 생기는데 네일 베드와 네일 플레이트 사이에 공기가 갇혀서 나타난다. 흰 부분은 자라서 없어지므로 특별한 관리는 필요없고 평소처럼 폴리시를 바르면 된다.

(8) 거스러미 네일(Hang Nail, 행 네일)

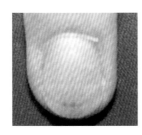

네일 가장자리가 상처나 물어뜯어서 작은 거스러미로 나타난다. 거스러미를 물거나 뜯으면 감염될 수 있다. 네일리스트는 소독된 클리퍼로 조금씩 자연스럽게 자르고 마사지 크림을 사용하여 부드럽게 손질하도록 한다.

(9) 움푹 들어간 손톱(Pitted Nail, 피트)

손톱 표면이 움푹 들어간 것은 근본적으로 건선이나 피부염을 가르킨다. 움푹 들어간 정도가 심하면 의학적 조치가 필요하다.

(10) 살 속에 파고든 네일(Ingrown nail, 조내생, 오니코크립토시스)

오니코크 립토시스(Onychocryptosis)는 네일이 네일벽 안으로 자랄 때 발생한다. 흔히 발에서 많이 볼 수 있으며, 꽉 조이는 신발을 신었을 때 발생한다. 폴리시와 페디큐어로 증상을 완화할 수 있지만 의사와 상담 후 시술하는 것이 더욱 올바르다.

(11) 조소피 과잉 성장(Pherygium, 표피조막증, 테리지움)

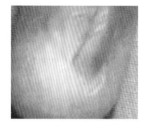

네일이 자랄 때 생기며 큐티클의 과성장을 말하며 손톱과 함께 성장한다. 규칙적인 마사지와 오일을 이용하여 재발을 막으며 주의가 필요하다. 손톱과 주변 피부에 다양한 방법으로 영양을 주는 많은 방법들이 있으며 손톱 구조의 성장에 대한 올바른 지식과 함께 네일리스트는 고객과 상담 후 시술을 결정한다.

(12) 갈라지거나 깨지기 쉬운 네일(Brittle Nail,Onychorrhexix, 오니코렉시스)

선척적인 이상이나 내·외적인 요인으로 생긴다. 강한 세제는 기름기를 없애는 작용을 하고 손톱이 깨지기 쉽게 되고 혈액 순환을 나쁘게 한다. 폴리시는 깨지기 쉬운 손톱을 방지하는데 도움이 된다.

(13) 조각종열증(Ponychorrhexix, 오니코렉시스)

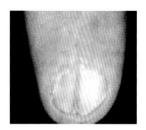

손톱이 세로로 갈라지고 찢어지는 것으로써 강한 알칼리성 비누나 리무버의 과다 사용, 갑상선 기능 저하증, 비타민 A, B 결핍이 원인이 되며 정상인에게도 찾아볼 수 있다.

(14) 조각비대증(Onychauxis, 오니콕식스)

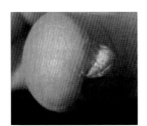

네일 내부의 상처나 질병 등을 통해서 증상이 나타나며 네일이 두꺼운 것은 경석으로 다듬어서 줄일 수 있다.

(15) 스푼형 네일(Spoon-shaped nail, Koilonychia, 코일로니키아)

네일의 한가운데가 움푹 패이는 형태로 성인의 경우에는 철분 결핍이 원인인 빈혈의 특징적인 증상인 것으로 알려져 있다.

2) 네일 살롱에서 시술 불가능한 손톱의 질병

(1) 조갑 주위염(Paronychia, 파로니키아)

손톱 주위 조직의 주변이 붉거나 부풀어 오르고 살이 물러지고 염증과 고름을 동반하는 상태이다. 손톱을 감싸고 있는 피부의 박테리아 감염으로 생기며 소독하지 않은 매니큐어 도구를 사용할 때와 큐티클을 많이 제거했을 때 발생하는 증세이다.

(2) 조갑 진균증(Onychomycosis, 오니코마이코시스)

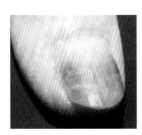

조갑 진균증은 진균에 의해 감염되는 것으로 처음에 네일의 백선은 프리 에지에 황갈색으로 나타난다. 네일의 프리 에지의 네일 플레이트 아래에서 네일 플레이트와 배드를 공격해 네일 바디가 불균형으로 얇아지고 어떤 부분은 떨어져 나가기도 한다. 또는 변색되거나 두꺼워지고 울퉁불퉁하게 된다. 네일 케어는 하지 말고 피부전문의 조치가 필수적이다.

(3) 조갑염(Onychia,Matrix infection, 오니키아)

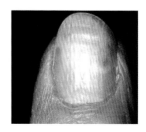

손톱에 염증이 생겨서 고름이 있는 조직 염증으로 나타난다. 불결한 네일 케어 도구에 의해 세균을 옮겨와 질병을 유발시키며 이것은 전염 가능성이 있다.

(4) 조갑 구만증(Onychogryphosis, 오니코그라이포시스, 두꺼워지고 굴곡된 네일)

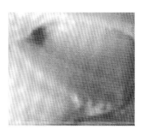

조갑 구만증은 네일이 두꺼워지고 발가락이나 손가락 끝에서 심하게 굴곡이 진다. 정확한 원인은 알 수가 없다.

(5) 조갑 탈락증(Onychoptosis, 오니콥토시스)

네일의 일부분 또는 손톱 표면 전체가 주기적으로 손가락에서 떨어져 나가는 상태를 말하며 매독이나 심한 외상으로 발생할 수 있다.

(6) 사상균증(Mold, 몰드)

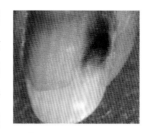

사상균증은 네일의 프리 에지와 인조 네일 사이에 습기가 스며들어 생겨나는 일종의 곰팡이다. 네일 몰드는 처음에 황녹색 반점으로 나타나므로 일찍 발견할 수 있고 심해지면 점점 검게 변색된다. 이것에 감염되어 일정 기간이 지나면 퇴색된 곳이 아주 까맣게 되고 네일은 약해지며 나쁜 냄새가 나고 네일은 떨어져 나간다. 발톱인 경우 여름이 지나면 파랗게 썩어 있기도 하다.

(7) 조갑 박리증(Onycholysis, 오니코리시스)

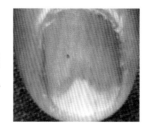

조갑 박리증은 네일이 떨어져 나가지는 않으나 손톱과 네일 배드 사이에 틈이 생겨 점차 벌어진다. 의사의 처방을 받아야 하

며 갑상선이나 특정 약물 치료, 외상, 감염으로 인해 발생하기도 하지만 정확한 원인은 밝혀지지 않았다.

(8) 백선(Tineaunguium)

처음에 손톱의 백선은 프리 에지에 황갈색으로 나타난다. 백선은 손톱의 프리 에지의 네일 플레이트 아래서 네일 플레이트와 베드 쪽으로 옮겨지며 손톱 전체에 번져갈 경우 손톱이 두껍게 되고 네일 베드에서 손톱이 분리될 수 있다.

6. 손톱에 관한 기초상식

1) 자꾸 찢어지는 손톱

손톱은 세 개의 각질층으로 이루어 졌다. 손톱깎이, 리무버를 자주 사용하면 건조해지면서 층이 벗겨져 찢어진다. 평소에 자주 오일을 발라주고 폴리시를 지우고 나면 바로 폴리시를 바르지 않고 손톱에 영양제를 바르고 마사지를 해준다. 톨루벤, 포름알데히드 성분이 든 손톱 강화제의 경우 손톱의 수분을 감소시켜 손톱이 건조해지고 잘 찢어지고 부스러진다. 이럴 때 비타민 중에서 베타카로틴이 풍부한 홍당무, 감귤 등을 섭취하면 좋다.

2) 손톱에 생기는 줄

• 세로줄 : 손톱이 노화되거나 건조해서 생기는 증상이다. 피부처럼 나이가 들면서 자연히 손톱이 건조해지지만 리무버를 과다 사용할 때 손톱이 건조해지므로 리무버 사용 후 큐티클 오일을 손톱 주위와 큐티클에 반드시 발라준다.

• 가로줄·흰 줄무늬 : 매트릭스 손상이 원인이다. 손톱을 문에 찧었을 때 그 다음에 나오는 손톱에 선명한 홈이 생기는 것도 그 때문이다. 그리고 정신적인 스트레스가 원인인 경우도 많고, 전신 영양장애, 중금속 중독, 간질환을 의심해볼 필요가 있고,

심할 경우에는 전문의에게 진단받아야 한다. 경증일 때는 관리를 규칙적으로 해주고 생활 습관과 음식에 신경을 써야 한다.

3) 누레진 손톱(노란 손톱)

매니큐어의 색소 침착이 원인이다. 베이스코트를 바르지 않거나 루즈 스킨을 제거하지 않고 폴리시를 바르면 색소가 침착될 수 있다. 샌딩 블록으로 손톱 표면을 파일링 해주고 오일을 바른 다음 3way로 광택을 내주면 원래의 색으로 돌아온다. 그러나 손톱의 색상이 아주 노랗거나 성장이 느릴 때는 림프관 이상이나, 만성부종을 의심해볼 수 있다.

4) 손톱 주위의 거스러미

거스러미의 가장 큰 원인은 손톱 주위의 피부가 건조해 졌기 때문이다. 억지로 떼내면 곪을 수도 있기 때문에 살이 일어난 부위에 큐티클 오일을 발라 영양을 주고 소독된 니퍼로 조금씩 제거한다. 규칙적으로 관리해 주어야 한다.

5) 큐티클과 루즈 스킨

큐티클을 밀어 낼 때 반월에 하얗게 일어난 얇은 막이 루즈 스킨이다. 루즈 스킨은 큐티클 밑에서부터 손톱 표면까지 자리하고 있다. 작은 먼지가 손톱과 큐티클 사이에 들어가지 못하도록 하는 역할을 맡고 있지만, 깨끗하게 제거하는 것이 폴리시를 발랐을 때 예쁘며 색소도 침착되지 않는다. 너무 세게 밀면 큐티클 아래 매트릭스가 손상을 입어 손톱이 자라는데 지장이 있다.

6) 창백한 손톱

손톱이 유달리 창백하면 빈혈 증상이 있는지 진단해 봐야 한다.

7. 발톱에 관한 기초 상식

1) 적당한 발톱의 길이

긴 발톱도 좋지 않지만, 짧은 발톱은 안으로 말려들어 가기 때문에 좋지 않다. 발톱의 양쪽은 똑바로 자르고 양끝은 파일로 살짝 라운드로 만들어 준다. 길이는 손가락과 비슷한 길이가 적당하다.

2) 살을 파고드는 발톱

선천적으로 생기는 경우도 있지만 대부분 발톱을 잘못 잘라 모서리가 예리해지고 그 부분이 자라 나오면서 살을 찌르게 된다. 발톱 모서리를 파일로 살짝 둥글게 정리해 주는 것이 좋다. 안으로 파고드는 발톱은 네일 살롱에서 정기적으로 시술받는 것이 많은 도움이 된다. 발톱을 교정하는 팁이 개발되어 손쉽게 교정할 수 있으며, 예방법으로는 신발을 작게 신거나 너무 높게 신지 않는다.

3) 발톱 무좀

발톱 안에 백선균이 들어가면 발톱 무좀인 조백선에 걸리게 되는데 가렵지는 않지만 발톱이 하얗게 되거나, 노란 갈색으로 변색되는 것을 말하며 부서지는 증상이 생긴다. 이럴 때는 피부과 의사에게 진단받아야 한다. 발톱 무좀 예방은 한 신발을 오래 신지 않고 발톱을 길게 기르지 않으며 발가락의 혈액순환을 촉진해 준다. 또한, 발을 항상 청결하게 유지하고 발을 씻고 난 후 발가락 사이의 물기를 깨끗하게 닦아내고 뽀송뽀송하게 잘 말려야 한다.

4) 갈라진 발톱

발톱 뿌리, 즉 발톱의 기질이 상처를 입으면 발톱 기질 위에 반흔(scar)이 형성되기

때문에 발톱이 갈라지게 된다. 관리 방법으로는

- 가능한 발톱을 짧게 깎아준다.
- 발톱은 둥글게보다 일자형으로 깎는다.
- 발톱이 압박당하지 않도록 신발을 적당하게 신는다.
- 심할 경우 피부과 전문의에게 진단받는다.

5) 발톱의 색깔 변화

정상적인 발톱 색깔이 여러 가지 색깔로 변화되는 현상을 말한다.

- 흰색 발톱(transverse leukonychia) : 은백색인 발톱은 각질 형성의 부족으로 인해 발생한다. 정상적인 발톱 모양에 변화가 나타나며, 이는 만성질병이 있음을 의미할 수 있다.
- 노란색 발톱(fungal infection) : 노란 발톱이 되는 경우는 여러 가지 원인이 있는데 황달로 인해 발톱 자체가 변색되는 경우, 화학물질의 영향을 받은 경우, 과다한 흡연, 많은 땀의 배설로 인해 발톱이 노랗게 변색될 수 있으며, 노란색 발톱에 점이나 선이 나타나면 진균 감염(fungal infection)을 의심할 수 있다.
- 검은색 발톱(melanonychia) : 검은색 발톱은 발톱 밑에 나타난다. 이는 내출혈이나 다른 피부 질환이 원인일 수 있다.
- 백반 발톱(leukonychia mycotica) : 흰색 반점이 점 모양이나 선 모양으로 발톱에 나타나는 현상이며 발톱이나 내피세포의 염증, 혹은 상처가 원인일 수 있다.

6) 작은 새끼발톱

새끼발톱이 작아진 건 큐티클 케어에 소홀했기 때문이다. 딱딱해진 큐티클이 발톱 부분을 덮어 발톱이 작아지는 것이다. 이것은 큐티클 케어만 자주해 주면 발톱이 정상으로 돌아 올 수 있다. 목욕할 때마다 큐티클을 충분히 불려서 부드럽게 밀어 주는 것이 예방 방법이다.

7) 발을 건강하게 만드는 방법

직업상 손에는 화려하게 폴리시를 바르지는 못해도 페디큐어는 할 수가 있다. 손톱에는 바르기 힘든 진한 색이나 화려한 컬러도 발톱에는 잘 어울린다. 발이란 체중을 지탱해주는 곳이기 때문에 손톱보다 예쁜 발톱을 유지하기 힘들다. 깨끗하게 손질된 발톱과 발이라면 누구나가 자신감이 생긴다. 발을 건강하고 아름답게 만들기 위한 방법으로는 다음과 같다.

- 정기적인 페디큐어 관리를 받는다.
- 일주일에 1~2회 파일로 각질을 제거해 준 다음 보습 크림으로 반사구를 이용한 발 마사지를 해준다(스크럽을 이용해 각질을 제거하기도 한다).
- 발의 혈액순환이 원활해야 온몸의 피로가 풀리고 발·발톱 또한 건강해진다.
- 겨울철이나 발이 건조한 사람들은 발뒤꿈치가 갈라지지 않게 크림 위에 오일이나 바셀린을 바르고 양말을 신고 잠을 잔다.
- 한 신발을 오래 신지 말고 날마다 갈아 신는 것이 좋다. 하이힐, 단화 등 힐의 높이나 폭이 다른 구두로 바꾸는 것이 좋다. 단순히 신발을 바꿔 신는 것 뿐만 아니라 발의 똑같은 부위에 계속 부담이 가지 않게 하기 위해서다.
- 신발은 자주 소독하고, 보송보송하게, 청결하게 하면 발 냄새나 세균 감염을 방지할 수 있다.
- 발·발톱에 생기는 질병들은 장기적으로 치료해야 하는 질병들이 많기 때문에, 이상 증세가 보일 때에는 즉시 피부과 전문의에게 진단을 받고 치료하는 것이 빨리 치유할 수 있는 방법이다.

TEST	손ㆍ발톱 질병에 감염되지 않는 예방 방법은 무엇인가?

05 네일살롱의 위생관리

1. 네일 살롱의 위생관리

위생은 공중보건과 질병을 예방하기 위해서 취할 수 있는 실제적인 것을 다룬다.

작업 공간은 환기가 잘 되어야 하며 세척이 가능한 소재로 이루어져야 한다. 모든 화학제품은 서늘하고 건조한 곳에서 안전하게 보관하고, 모든 기구와 도구들은 소독처리가 잘되어 있어야 한다. 살롱의 설비 및 도구를 위생적으로 취급하는 이런 방법들은 네일 살롱에서 꼭 지켜야 하는 기본 수칙이며 고객과 네일리스트의 건강을 지키는데 아주 중요하다.

1) 도구·물품의 위생관리

위생(hygiene)을 나타내는 Hygien은 고대 그리스 신화에 나오는 건강의 여신인 '히키아(hygieia)'의 이름에서 유래된 것으로, 건강을 나타내지만 보건과 건강(healteh)에 관한 학문을 의미하기도 한다.

위생은 공중보건과 질병을 예방하고 고객과 네일리스트의 건강을 지키는데 매우 중요한 것으로, 고객을 관리하는 모든 과정과 살롱의 설비 및 도구를 위생적으로 취급하지 않을 경우, 네일리스트와 고객은 감염의 위험에 노출될 수 있다. 특히 곰팡이균인 무좀(tinea lpedis), 바이러스, 박테리아균, 헤르페스, B형, C형 간염, AIDS 등 외적으로 증세가 나타나지 않는 질병의 경우 확인이 어려우므로 위생복, 살롱의 도구나 가구들을 철저하게 소독하거나 멸균 처리하여 사용해야 하는 각별한 주의가 필요하다.

(1) 감염 요인

- 불결한 위생복
- 불충분한 손 소독
- 폐기물의 잘못된 처리
- 멸균이 되지 않은 기구 사용
- 소독되지 않은 불결한 가구 사용

(2) 감염을 막기 위한 수칙

- 시술할 때 장신구 제거
- 상황에 따라 일회용 장갑 사용
- 타월 등은 항상 깨끗하게 세척하고 소독한다.
- 일회용 마스크를 꼭 착용한다.
- 종이타월은 1회용으로만 사용해야 한다.
- 용기에 덜어 쓰는 재료는 뚜껑이 있는 용기에 담는다.
- 크림이나 연고 등은 위생 주걱을 사용해서 덜어내고 사용한다.
- 더러워진 도구들은 사용 후에 즉시 소독하거나 제거해야 한다.
- 모든 도구들은 반드시 살균해야 한다.

2) 살롱에서의 위생과 예방

습기가 많고 따뜻한 곳에서 박테리아는 빨리 번식한다. 일단 살롱에서 박테리아는 비위생적인 제품과 네일 도구 등으로 인하여 고객에게 감염될 수 있다.

(1) 네일 살롱의 위생

- 실내는 통풍과 환기가 잘 되어야 한다.
- 쾌적한 환경을 위해 실내 바닥과 설비에 먼지가 없이 청결해야 한다.
- 조명은 밝고 따뜻하고, 실내는 밝아야 한다.
- 도구와 기구들은 잘 소독되어 있어야 한다.
- 온수와 냉수가 충분히 공급되어야 한다.

- 애완동물을 살롱에서 키우거나 들어와서는 안 된다.

(2) 네일 살롱에서 지켜야하는 감염 예방책

- 작업장과 설비 등을 깨끗하고 청결하게 유지한다.
- 고객을 맞이하기 전에 도구와 장비를 위생 처리한다.
- 박테리아 살균비누로 손을 깨끗이 씻는다.
- 네일리스트는 매일 깨끗한 위생복을 입는다.
- 소독된 네일 도구는 사용 시까지 밀봉시켜 보관한다.
- 더러운 타월과 쓰고 버리는 일회용 제품은 뚜껑이 있는 보관함에 넣는다.
- 모든 제품에 라벨을 표기해서 용도에 맞게 사용한다.
- 화학제품을 만지고 나서 피부나 눈을 만지지 않고 즉시 손을 씻는다.
- 모든 제품은 통풍이 잘 되고 건조한 장소에 밀폐시켜 보관한다.

3) 네일리스트의 개인 위생

- 손톱을 깨끗하게 손질한다.
- 손을 소독한다.
- 파일링 할 때 마스크를 착용한다.
- 유니폼을 깨끗하게 착용한다.
- 손·발톱이 감염된 고객을 시술할 때 감염되지 않도록 주의한다.
- 장비와 도구들은 사용 전에 위생 처리한다.
- 손에 상처가 나지 않도록 한다.
- 감기 등의 질환이 있을 때 시술을 하지 않는다.
- 고객을 상대하므로 입냄새 제거와 몸에서 좋은 냄새가 나도록 한다.
- 손을 자주 씻어야 한다.

4) 네일 살롱의 안전관리

네일 살롱에서 사용되고 있는 재료의 화학물질은 프라이머, 글루 드라이어, 글루, 젤

글루, 솔벤트 등이 있으며, 이들은 인화성이 강한 물질이며 피부를 건조하게 하게 하고, 알레르기를 일으킬 수 있으므로 MSDS(재료안전재료표 Material Safety Data Sheet)를 정확하게 인지해서 적정 농도로 사용하고 안전하게 다뤄야 한다.

재료 안전표는 위험한 화학제품을 사용하는 사람들이 제품의 정보와 사용 방법에 대해 알 수 있도록 제조회사가 만들어 놓은 것이다.

① 네일 살롱 실내는 통풍이 잘되어야 하며 환기는 자주 하도록 한다.
② 스프레이 제품을 되도록 사용하지 않도록 한다.
③ 시술할 때 제품이 피부에 닿지 않게 한다.
④ 네일 시술 시에는 보호안경을 써서 눈을 보호한다.
⑤ 글루의 과다 사용은 자연 네일을 약하고 부서지게 하므로 적당하게 사용한다.
⑥ 네일 폴리시, 폴리시 리무버는 인화성이 강하므로 화기를 주의해야 한다.
⑦ 모든 용기에는 라벨을 붙여 제품의 용도를 알 수 있도록 한다.
⑧ 모든 재료에는 뚜껑을 덮고, 뚜껑 있는 휴지통을 사용한다.
⑨ 파일링 할 때 발생하는 가루로 인해 마스크를 착용하여 호흡기를 보호한다.
⑩ 화학물질 재료가 많아서 담배를 피우면 안 된다.
⑪ 시술 시 화학약품이 눈에 들어가면 응급 처치 후 병원으로 간다.
⑫ 글루, 젤, 아크릴 리퀴드, 솔벤트는 피부를 건조시키고 피부를 벗겨지게 하므로 사용 시 주의한다.

5) 네일리스트의 자세

네일리스트는 고객에게 예의 있고 친절해야 하며 언제나 한결같은 자세로 고객을 맞이해야 한다. 또한, 고객에게 만족감을 충족시켜주고 신뢰감을 주도록 노력해야 하며 고객을 편안하게 해줘야 하는 의무가 있다.

(1) 고객에 대한 태도

• 고객에게 언제나 정직해야 하며 모든 고객에게 공평해야 한다.
• 고객의 시술 부위의 건강 상태와 정보를 파악하여 시술을 상담한다.

- 상담할 때 고객에게 예의바르며 친절해야 한다.
- 각종 장비 및 물품을 준비, 소독하고 고객의 시술 부위를 알코올 등으로 소독
- 시술 절차에 따라 고객의 피부 및 각질에 손상이 가지 않도록 주의하여 시술한다.
- 시술이 끝나면 도구 및 장비를 청소, 소독하고 정리 정돈한다.
- 전염 및 감염에 대한 예방법을 고객에게 설명한다.
- 정돈하고 시술 후 처리를 위생적으로 관리해야 하며, 정교한 동작으로 고객이 신뢰할 수 있는 프로다운 테크닉 동작을 보여주는 게 필요하다.
- 손·발톱에 관한 지식을 충분히 습득하고 있어야 하며, 미적인 감각이 필요하므로 디자인에 대한 창의력이나 새로운 재료와 테크닉의 연구 등이 필요하다.
- 고객에 대한 배려, 특히 서비스 정신이 투철해야 하며, 손톱의 건강, 길이, 모양은 고객의 직업과 생활환경을 이해하고 결정해야 한다.
- 네일리스트 자신의 개성과 기호를 고집하는 것이 아니라 고객의 요구를 파악하여 서로의 의견을 조율하는 것이 중요하다.

(2) 상담과 진단

- 고객의 직업
- 신체의 질병
- 손의 피부와 건강 상담
- 알레르기 여부
- 음식물 섭취 여부
- 생활습관 여부
- 고객이 원하는 서비스 내용
- 진단을 통한 서비스 내용 결정

(3) 고객관리

- 상담과 진단이 끝나면 고객기록카드에 고객의 성별, 직업, 병의 이력 등을 상세하게 기록한다.
- 상담 내용과 시술, 서비스 내용을 기록하고 예약 날짜를 기록한다.
- 고객에 특징에 대한 네일리스트의 의견도 함께 기록한다.

- 예약 고객은 먼저 서비스하여 신뢰감을 형성한다.
- 고객의 소지품이 바뀌지 않도록 책임 있게 관리한다.
- 고객이 있는 곳에서 다른 고객의 험담을 하지 않는다.
- 고객에게 살롱의 행사를 문자로 알려주며 유대감을 형성한다.
- 고객의 기념일에 축하 메시지를 보낸다.

TEST   독창적인 네일 살롱 고객카드 디자인

실기편

01 네일 도구 및 재료

1. 네일 도구 및 기구

1) 네일 도구

① 큐티클 니퍼(cuticle nipper)

손톱 주위의 굳은살을 정리하는 도구. 네일 도구 중 감염을 옮기기 가장 쉬운 도구이며 철저한 위생관리가 필요하다.

② 큐티클 푸셔(cuticle pusher)

큐티클을 밀어올릴 때 사용하는 도구로 손톱이 긁히지 않도록 45도로 조심해서 사용한다.

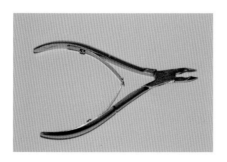
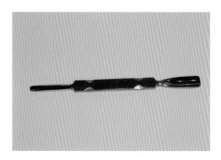

③ 네일 클리퍼(nail clipper)

손톱의 길이를 조절하는 데 사용한다.

④ 네일 브러시(nail brush, dust brush)

손톱 찌꺼기를 제거하거나 인조 네일 시술 시 먼지를 털어낼 때 사용한다.

⑤ 오렌지 우드 스틱

큐티클을 밀어낼 때나 폴리시 교정, 네일아트 시술 등 다양하게 사용한다.

⑥ 파일(file)

손톱 모양을 다듬거나 면을 부드럽게 만들 때 사용한다. 파일은 입자의 굵기가 그릿(grit)으로 표시되어 있다. 숫자가 낮을수록 면이 거칠고 높을수록 부드럽다.

100grit : 인조 손톱의 여분을 제거하거나 거친 부분을 매끄럽게 할 때 사용한다.

180grit : 자연 손톱의 모양이나 인조 손톱의 전체면을 부드럽게 할 때 사용한다.

파일은 대부분 소독이나 살균 처리가 불가능하므로 1회용으로 사용하며, 재사용할 수 있는 워셔블(washable)로 표기된 것도 있다.

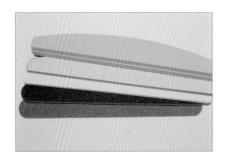

2) 네일 기구

소모되지 않는 것을 기구라 한다. 기구들은 마모되어 사용이 불가능할 때까지 사용할
수 있다.

① 작업 테이블

고객과 네일리스트와의 간격이 적당하며, 미용 재료를 보관할 수 있는 서랍이 부
착된 것 등 네일 전문 테이블을 사용한다.

② 의자

시술자용은 유동식 의자가 편리하며, 고객용은 안락한 의자로 준비한다.

③ 습식 소독기(wet sanitizer)

네일 도구의 살균 소독을 위해 소독액을 담아주는 용기로써 투명해야 하며, 오염
되었을 때 교환되어야 한다.

④ 고객용 쿠션

손목 또는 팔의 안락을 위해 사용한다. 네일 전용 제품을 사용하며, 타월을 사용
할 경우 위생적으로 소독 처리된 타월을 사용한다.

⑤ 재료 정리대

작업 시 사용하는 여러 가지 네일 제품들을 정리할 수 있는 쟁반이나 바구니를 사
용한다.

⑥ 에나멜 드라이어

네일 폴리시를 빠르게 건조하는 기구이다.

⑦ 족탕기(foot bathtub)

페디큐어 시 혈액순환을 도와 발의 피로를 풀어주고 피부를 부
드럽게 해준다.

⑧ 페디 스파기(pedi spa machine)

발관리 시 편안하게 시술받을 수 있도록 설계된 의자로 진동을 주며 배수 처리가
용이하다.

⑨ 파라핀 워머(paraffin warmer)
파라핀을 녹일 때 사용하는 기구이다.

⑩ 왁싱 워머(waxing warmer)
왁스를 녹일 때 사용하는 기구이다.

⑪ 인조 손톱 제거기
초음파를 이용한 제품으로 인조 손톱을 용해 제거하는 전자기기이다.

3) 네일 재료

매니큐어 시술 시 소모되는 소모품을 말하며, 한 번 사용 후에는 폐기 처리한다.

① 종이 타올(paper towel)
위생 처리 된 수건 위에 종이 타올을 깔고 시술할 때마다 깨끗하게 갈아준다.

② 솜(cotton)
네일 폴리시 제거나 손톱 유분기 제거 시 사용한다.

③ 비닐 주머니
매니큐어 작업 시 버려지는 소모품, 폐기물 등을 담아둔다.

④ 알코올(alcohol)
작업 시 사용되는 기구들을 소독하는 데 사용된다.

4) 매니큐어에 사용되는 네일 재료

① 안티셉틱(antiseptic)
피부 소독제로 시술하기 전에 시술자가 고객의 손을 소독하는 데 사용한다.

② 폴리시 리무버(polish remover)
폴리시를 제거할 때 사용한다.

③ 베이스 코트(base coat)

유색 컬러를 바르기 전에 바르는 것이다.
자연 네일이 누렇게 착색 또는 변색되는 것을 방지해 주고, 컬러의 밀착을 도와준다.

④ 톱 코트(top coat)

유색 폴리시를 다음 발라주는 것으로 광택을 주며, 폴리시를 보호해 쉽게 벗겨지지 않도록 해준다. 묽은 것과 진한 것이 있으며, 진한 톱 코트(sealer)는 디자인 후에 주로 사용된다.

⑤ 네일 폴리시(nail polish)

에나멜(enamel), 래커(lacqeur)라고도 한다. 한 번으로는 제 색상이 나오지 않으므로 두 번 정도는 발라야 한다.

⑥ 큐티클 오일(cuticle oil)

손톱 주위에 발라 큐티클과 네일의 유수분을 공급해 주며, 큐티클을 부드럽게 해준다.

⑦ 큐티클 용해제(cuticle solvent)

매니큐어나 페디큐어 시술 시 푸셔를 사용하기 전 큐티클을 부드럽게 만들어 준다. [주성분 : 소디움(sodium), 글리세린(glycerin)]

⑧ 로션(lotion)

마사지를 할 때와 마지막 손질로 사용하는 것으로 고객의 손을 아름답고 윤기 있게 만들어 준다.

⑨ 네일 보강제(nail hardner/nail strengthener)

찢어지거나 갈라지는 약한 손톱을 튼튼하게 만들어 준다.

⑩ 샌딩 블록(sanding block)

네일 표면의 거칠음과 유분기를 제거할 때 사용하며, 인조 네일 시술 시 파일링 후 표면을 매끄럽게 정리할 때 사용한다.

⑪ 광 버퍼

네일 표면에 광택을 낼 때 사용한다. (3-way buffer, 2-way buffer)

⑫ 디스크 패드(disc pad)

파일링 후 프리 에지 밑에 생기는 거스러미를 제거할 때 사용한다.

⑬ 필러 파우더(filler powder)

팁 부착 후 두께를 주거나 익스텐션 시 주로 사용된다.

⑭ 글루(glue)

인조 네일을 접착하거나 네일 표면에 도포할 때 사용한다.

라이트 글루 : 점도가 낮으며 빨리 접착된다.

젤글루 : 점도가 높으며 팁 접착 시 주로 사용된다.

⑮ 랩(wrap)

약한 자연 손톱 위나 인조 네일 위에 덧씌워주거나 부러지거나 깨진 손톱을 손질
하는데 사용된다. 랩의 종류에는 실크(silk), 리넨(linen), 화이버글래스
(fiberglass) 등이 있다.

⑯ 글루 드라이어

글루를 빨리 건조시켜 준다.

⑰ 아크릴 리퀴드(acrylic liquid)

이 액체는 아크릴 파우더를 혼합할 때 사용된다.

⑱ 아크릴 파우더(acrylic powder)

아크릴 네일에 사용되는 분말로 투명, 핑크, 화이트 등 여러 가지 색상이 있다.

⑲ 프라이머(primer)

아크릴 제품이 자연 네일 표면에 잘 접착되도록 발라주는 것이다.

⑳ 아크릴 브러시

아크릴 파우더를 얹을 때 사용하는 붓이다.

㉑ 폼(form)

스컬프처드 네일 시술 시 모양을 만들어 주는 틀이다.

㉒ 페디 파일(pedi file)

발바닥의 굳은살을 제거할 때 사용하는 file이다.

㉓ 발가락 끼우개(toe separators)

페디큐어 시 발가락에 폴리시를 바르기 전에 발가락에 끼워 사용된다.

TEST	네일 살롱 방문 후기 작성

실기편

02 네일 테크닉 기초

1. 손톱 길이 다듬는 방법

손톱은 3중 구조로 이루어져 있기 때문에 손톱을 자를 때 손톱깎이를 사용하면 프리에지 부분에 압력이 가해져 손톱에 금이 가거나 갈라진다. 파일로 조심스럽게 각도를 맞춰 파일링 해줘야 된다.

1) 파일링 하는 방법

손을 파일의 끝에서 1/3지점까지 가볍게 잡고 시술할 손톱 끝을 흔들리지 않도록 다른 손가락으로 손톱을 고정시킨다.

2) 파일링 하는 순서

① 손톱 끝이 일자 모양이 되도록 할 때에는 파일을 손톱 왼쪽에서 오른쪽, 오른쪽에서 왼쪽으로 줄을 긋듯이 중앙으로 파일링 하면서 일정 방향을 유지하는 것이 포인트다. 손에 너무 힘을 주지 않도록 주의해야 한다.
② 손톱 측면의 파일링은 왼쪽 위에서 아래로 내려오면서 파일을 해주고 오른쪽은 파일을 거꾸로 잡고 위에서 아래로 내려오면서 파일링해 주는데 모두 균일한 힘으로 파일링 해야 하며 이때 프리 에지가 좌우 대칭이 되는지 확인해야 한다.

3) 손톱 길이 맞추는 방법

손톱 모양을 다듬을 때 왼손 새끼손가락부터 시술해야 하며, 다섯 손톱 중 제일 짧은 손톱 길이에 맞춰 다섯 손가락 손톱 길이를 맞춰준다. 짙은 색상 폴리시를 바를 때는 손톱의 균형이 더 잘 맞도록 주의해서 발라야 하며, 양손의 균형을 맞춰주는 것도 중요하다.

[TEST] 파일링 실습일지	
주제	
목표	
실습내용	
실습후기	

2. 손톱 모양 다듬는 방법

1) 손가락 명칭

다섯 손가락에는 각기 엄지손가락(thumb), 검지손가락(point finger), 중지손가락(middle finger), 약지손가락(ring finger), 소지손가락(pinkev finger)이라는 명칭을 가지고 있다.

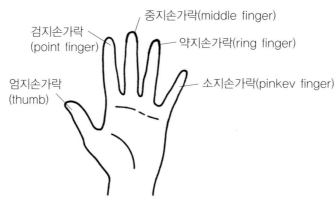

2) 손톱의 기본형

손톱 끝 모양에 따라 다듬는 법이 조금씩 달라지며 고객의 직업, 나이, 손의 모양, 손가락 굵기, 고객의 개인 취향에 따라 손톱 길이와 모양이 결정된다. 살롱에서 손톱을 시술할 때 손톱 모양은 주로 둥근 네모 모양을 기본으로 하며, 네일 유행 트렌드에 따라 달라지기도 한다. 손톱의 기본 모양에는 5가지가 있는데, 네모 모양, 둥근 네모 모양, 라운드 모양, 계란형(타원형) 모양, 포인티드 모양(아몬드형)이 있다.

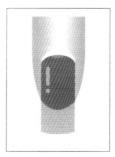

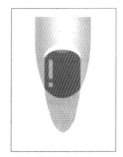

| square shape | Round shape | Oval shape | Pointed shape |

3) 손톱 모양의 특징과 다듬는 방법

① 네모 모양(Square shape)

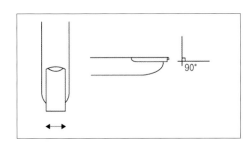

직선을 그리는 스퀘어 모양 손톱은 양 끝 모서리가 각이 있는 모양으로서, 손톱 끝에 힘이 균일하게 가해지는 모양이므로 잘 깨지거나 금이 가지 않는다. 발톱모양에도 많이 활용되며, 강한 느낌을 준다. 도시적인 느낌을 주며, 컴퓨터 작업을 많이 하는 사람과 활동적인 직업을 가진 사람에게 적당하다. 너무 길게 기르면 각진 부분이 손상되기 쉬우므로 주의해야한다.

파일링 할 때는 파일을 프리 에지에 90도 직각으로 세우고 왼쪽에서 오른쪽으로 일정하게 한 방향으로 파일링 한다.

② 둥근 네모 모양(Rond square shape/Square off)

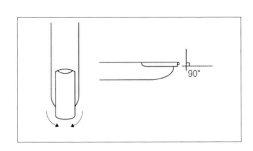

완만한 곡선을 그리는 이 모양은 네모 모양의 손톱에서 양쪽 끝만 살짝 둥글게 작업한 형태이다. 이 손톱 모양은 자연스럽고 튼튼하고 오래 유지되기 때문에 길게 기르고 싶은 사람에게 적당하며 남녀 누구에게나 어울린다.

손톱에 파일을 45도 각도로 대고 힘을 주지 않고 측면이 자연스럽게 이어지도록 각을 잡고는 양쪽 끝을 살짝 둥글려 준다.

③ 라운드 모양(Round shape)

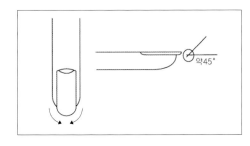

손톱 프리 에지 부분의 어느 곳에도 각이 없는 둥근 모양으로서 평범하고 단정한 느낌을 준다. 손·발톱을 라운드 모양으로 너무 짧게 손질하면 살에 파고드는 원인이 된다. 남성들이 선호하는 모양이다.

파일은 45도 각도로 왼쪽 모서리에서 중앙으로 둥글게 하고, 오른쪽 모서리에서 중앙으로 둥글게 파일링 한다.

④ 계란형/타원형 모양(Oval shape)

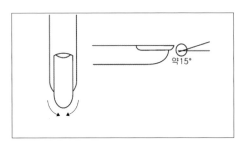

어떤 손가락에도 가장 잘 어울리며 손가락이 길어 보이는 여성스럽고 매력적인 손톱 모양으로서, 손질을 자주해줘야 모양을 유지해 줄 수 있다. 전문직업을 가진 여성에게 적당하다.

파일은 약 15도 각도로 눕혀서 사용하며, 손톱 양모서리를 더 깊게 둥글린 모양이다. 왼쪽 모서리에서 중앙으로, 오른쪽 모서리에서 중앙으로 양쪽이 똑같은 각도의 계란형이 되도록 한다.

⑤ 포인티드 모양(Pointed/Almond shape)

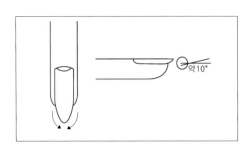

손가락이 길고 가늘게 보여서 좋지만 뾰족하기 때문에 잘 부러지므로 손가락을 사용할 때 조심스럽게 사용해야 한다. 10도 각도로 파일을 눕혀서 파일링 해야 하며 계란형과 같은 방법을 사용한다.

3. 손톱 표면 다듬는 방법

손톱 표면이 누렇거나 울퉁불퉁하면 폴리시가 예쁘게 발리지 않기 때문에 표면을 매끄럽게 정리해 줘야 한다.

1) 손톱 표면 다듬기-샌딩 블록

샌딩 블록의 부드러운 쪽으로 손톱 표면을 다듬어주며, 손에 힘을 빼고 부드럽게 다듬어 줘야 한다. 힘을 줘서 다듬을 경우 손톱이 얇아질 수 있기 때문이다.

2) 광택내기-3-Way

큐티클 부분과 손톱 표면에 큐티클 오일을 발라 마사지 하고 나서, 3-Way의 조금 거친 면으로 손톱 표면을 다듬어 주고, 부드러운 면으로 표면을 다시 손질해 주면 광택이 나면서 손톱에 오일이 침투해 영양을 공급해 주는 역할을 한다. 폴리시를 바르지 않을 경우 사용하면 아름답고 윤기 있는 손톱의 효과를 볼 수 있다.

4. 컬러링 Coloring

1) 네일 컬러(폴리시) 선택법

네일에 바르는 컬러를 폴리시(polysh), 에나멜(enamel), 락키(lacquer)라고 하며, 자신의 피부색과 비슷한 색으로 골라야 잘 어울린다. 네일에 컬러를 바를 때는 손의 피부색, 메이컵, 의상, 액세서리, 날씨, 계절에 맞게 선택해야 한다.

2) 피부색에 맞는 컬러 선택법

① 흰 피부, 밝은색 피부

빨강, 오렌지, 퍼플 계열 등의 진한 색상이 세련되어 보인다.

② 핑크색 피부

피부색과 가장 잘 어울리는 핑크 계열, 피치 계열, 라벤더 등의 파스텔 계열이 잘 어울린다.

③ 황색 피부, 베이지 피부

브라운, 골드, 자주 등의 따뜻한 색상이 어울리며, 노란빛이 도는 피부는 옐로 계
열의 베이지를 선택하면 자연스럽고 매력적으로 보인다.

3) 네일 폴리시 바르는 순서

네일 폴리시는 가운데부터 바르는 방법과 왼쪽 모서리부터 바르는 방법이 있다.

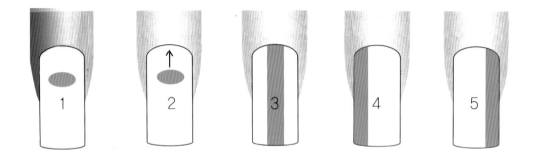

① 콘셉트에 맞는 폴리시를 선택하고 두 손안에 폴리시를 넣고 비벼 돌려서 색을 섞
어준다.
② 손톱의 유분기를 제거하고 손톱 표면을 깨끗하게 정리해 준다.
③ 베이스 코트를 바른다.
(색소가 네일에 침착되는 것을 방지, 컬러가 잘 발리도록 해주는 역할을 해준다.)
④ 폴리시를 큐티클 최대한 가까이 바른다.
⑤ 프리 에지 부분은 꼭 바른다.
(수분 방지, 벗겨짐 방지)
⑥ 컬러는 2~3회 바르고 난 다음 톱 코트를 꼭 발라준다.
(컬러에 광택을 주고 벗겨짐을 예방해주며 색상이 오래간다.)

⑦ 톱 코트가 마르면 큐티클 오일을 큐티클 주위에 발라준다. 보습 효과를 주며 손톱이 튼튼해진다. 손톱에 흠집이 나거나 먼지가 묻는 것도 방지할 수 있다.

⑧ 왼손 약지와 소지로 폴리시 병을 잡고, 브러시의 각도는 45도 각도가 가장 좋다.

⑨ 폴리시 뚜껑은 연필 잡듯이 잡는다.

⑩ 브러시를 병 입구에 대고 폴리시 양을 조절해 준다.

⑪ 고객 왼손의 새끼손가락부터 폴리시를 바른다.

4) 네일 폴리시 바르는 방법

우리나라에 처음으로 네일 폴리시가 들어 왔을 때 폴리시를 바르면 손톱이 숨을 못쉰다, 손톱 색이 변한다고 해서 폴리시 바르기를 꺼렸다. 섬세한 손끝에 폴리시를 바름으로써 갑갑함과 무게감이 느껴지기 때문이다. 손톱은 큐티클로 숨을 쉬므로 큐티클을 덮어 바르면 좋지 않다. 폴리시는 손톱을 보호해 주고 교정해 주는 역할을 한다. 컬러링 방법에는 5가지가 있다.

풀 코트　　프리 에지　　헤어 라인 팁　　슬림라인　　하프문

① 풀 코트(full coat)

손톱 전체에 폴리시를 바른다.

② 프리 에지(free edge)

손톱의 끝부분이므로 폴리시가 가장 먼저 벗겨지는 곳으로 이것을 방지 하기 위하여 프리 에지 부분만 빼고 컬러링하는 방법이다.

③ 헤어라인 코트(hair line coat)

폴리시를 풀코트 한 후 프리 에지 부분을 1.5mm를 리무버로 지운 뒤 톱 코트를
발라 마무리해 준다. 손톱 끝의 컬러 손상을 예방하기 위해서다.

④ 슬림라인/프리 월 코트(slim line/free wall coat)

손톱의 양쪽 옆면을 1.5mm 정도 남기고 바르는 방법이며, 손톱이 가늘고 길어
보이는 효과가 있다.

⑤ 루눌라/하프문 코트(lunula/half moon coat)

손톱의 반월 부분을 남기고 폴리시를 바르는 방법이다.

5) 네일 폴리시 지우는 방법

① 화장솜을 1/4로 잘라서 리무버로 적신 화장솜을 손톱 위에 잠시 놔두고 폴리시를
녹여서 닦아낸다.
② 손톱을 세게 문지르면서 닦아내면 손톱이 상할 수 있다.
③ 우드 스틱에 화장솜을 감싼 다음 프리 에지 끝과 안쪽을 깨끗하게 닦아낸다.
④ 리무버를 사용한 손톱에 큐티클 오일을 발라 영양을 공급해 준다.
⑤ 리무버는 좋은 것을 사용하여야 손톱이 상하지 않는다.

6) 폴리시 색상에 따라 바르는 방법

① 밝은 컬러(light color)

투명하고 자연스럽게 보이며 한 번만 바르면 컬러가 약하므로 2~3회 바른다.
흰색의 베이스 코트를 사용하면 컬러가 더 살아난다.

② 어두운 컬러(dark color)

한 번만 발라도 색이 뚜렷하므로 큐티클 라인을 깨끗하게 마무리하면서 두 번째
바를 때 얼룩을 가려주면서 깔끔하게 마무리한다.

③ 무 광택 컬러(mat color)

엷게 세 번 발라야 깔끔하게 발리며, 파스텔 계통의 색상이 선명하게 나온다. 폴리시의 양이 많으면 표면이 매끄럽지 못하게 발린다.

④ 펄 컬러(pearl color)

붓에 묻은 폴리시의 양을 조절하여 똑바로 바른다. 미세한 펄 입자가 들어 있는 폴리시를 바르는 것이 깔끔하게 잘 발린다.

7) 폴리시에 관한 주의 사항

1) 폴리시를 살 때는 꼭 테스트를 해야 한다. 컬러를 바르고 1분 정도 지나서 리무버로 지운 다음 착색 유무를 살펴서 구매한다.

2) 품질 낮은 폴리시는 착색뿐만 아니라 손ㆍ발톱 색 자체도 변화시킨다.

3) 손ㆍ발톱에 폴리시의 착색이 진행되었을 때, 간단한 치료방법은 레몬즙을 솜에 묻혀 닦아내고, 샌딩블록으로 손톱 표면을 살살 문질러 착색 부분을 벗겨내고 3-way 사용하여 광택을 낸다.

4) 착색 예방법으로는 베이스코트를 꼭 바르고 폴리시는 4~5일이 지나면 자극이 적은 리무버를 사용해서 지워야 한다. 일주일 이상 바르고 있으면 착색은 물론 건조하게 만들어 손ㆍ발톱을 잘 갈라지게 만든다.

5) 여름철 옅은 컬러의 폴리시를 바를 때에는 에센스와 베이스로 이중 차단을 해준다. 짙은 컬러보다는 자외선 투과율이 높아 손ㆍ발톱의 건조화와 착색이 심해진다.

컬러링 실습

03 네일 테크닉

1. 습식 매니큐어(Water Manicure)

가장 기본이 되는 매니큐어 시술법으로 손과 손톱의 관리, 마사지, 그리고 컬러링까지 포함된다.

1) 기본 재료

기구 소독제, 안티셉틱(스킨 소독제), 소독 볼, 지혈제, 핑거 볼, 큐티클 리무버, 큐티클 오일, 니퍼, 푸셔, 오렌지 우드 스틱, 폴리시, 베이스 코트, 톱 코트, 폴리시 리무버, 샌딩 블록, 파일, 디스크 패드, 화장솜, 타올, 페이퍼 타올, 비닐팩

2) 사전 준비

테이블을 소독하고 재료 정리 및 기구를 소독한다.

3) 시술 과정

① 소독 : 솜에 안티셉틱을 묻혀 시술자 먼저 소독하고 고객의 손을 소독한다.
② 폴리시 제거 : 손에 폴리시 리무버를 묻혀 묻은 폴리시를 제거한다.

③ 손톱 모양 잡기 : 손톱의 바깥으로부터 중앙쪽으로 파일링한다.
④ 버핑하기 : 샌딩 블록으로 손톱 면의 거친 부분을 매끄럽게 정리해 준다.

⑤ 핑거 볼에 담그기 : 왼손을 담그는 동안 오른손을 3~5번까지 해준다.

⑥ 큐티클 리무버 바르기 : 물기를 제거한 왼손 먼저 큐티클 리무버를 발라 큐티클을 유연하게 해준다.

⑦ 푸셔로 밀기 : 푸셔는 45도 각도로 손톱 표면이 손상이 되지 않도록 밀어준다.

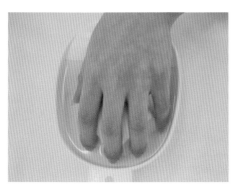

⑧ 큐티클 정리 : 니퍼를 사용하여 지저분한 큐티클을 제거한다. 왼손이 끝나면 오른손도 물기 제거 후 똑같이 시술한다.

⑨ 손 소독 : 니퍼와 푸셔를 사용한 부분에 안티셉틱으로 소독해 준다.

⑩ 로션을 바르고 마사지한다.

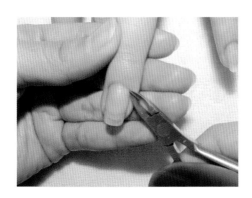
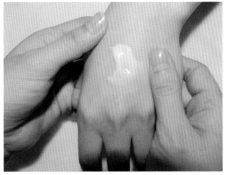

⑪ 유분기 제거 : 솜을 폴리시 리무버에 적셔 로션을 제거하고 오렌지 우드 스틱에
솜을 말아 손톱 주위와 프리 에지를 닦아준다.

⑫ 베이스 코트 : 두껍지 않게 얇게 발라준다. (베이스, 톱 코트 영양제 겸용을 사용
하기도 한다.)

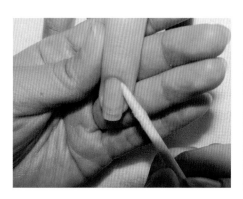 

⑬ 유색 폴리시 바르기 : 고객이 원하는 폴리시를 2회 반복 발라준다.

⑭ 톱 코트 : 폴리시가 어느 정도 마른 후 색상이 오래 지속되도록 톱 코트를 바른다.

⑮ 폴리시 건조 : 핸드 드라이기로 폴리시를 건조한다.

[TEST] 습식 매니큐어 실습일지	
주제	
목표	
실습내용	
실습후기	

2. 프렌치 매니큐어(French Manicure)

프렌치 매니큐어는 프리 에지 부분에 흰색 폴리시를 발라주는 것으로 프렌치의 색과 모양이 변형되기도 한다.

(1) 기본 재료

습식 매니큐어 재료, 폴리시(연핑크, 화이트)

(2) 시술 과정

① 습식 매니큐어 시술 과정 중 소독 ~ 베이스 코트 과정까지 동일
② 연핑크 폴리시를 손톱 전체에 바른다.
③ 흰색 폴리시를 이용하여 프리 에지 부분에 스마일 라인을 얇게 한 번 발라주고, 제 색상이 나도록 한 번 더 발라준다.

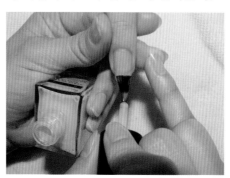
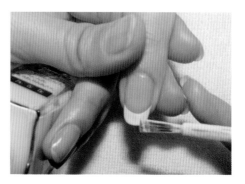

④ 톱 코트 바르기 : 프렌치 라인이 밀리지 않도록 조심하여 발라준다.

[TEST] 프렌치 매니큐어 실습일지	
주제	
목표	
실습내용	
실습후기	

3. 파라핀 매니큐어 (Paraffin Manicure)

파라핀을 이용하여 손, 발관리를 함으로써 파라핀 성분이 피부에 침투하여 거친 피부나 큐티클을 부드럽게 해주며, 혈액순환이 잘되어 손과 발의 피로를 풀어주고, 건성 피부를 탄력 있어 보이게 하고, 노화된 피부를 재생하는 치료 효과도 있다. 파라핀은 콜라겐 성분과 비타민 E(tocophenol), 유칼립투스(eucalyptus), 맨솔(mentol) 및 식물성 오일이 첨가되어 인체의 피부에 좋도록 개발한 것으로 미용 성분을 가미시켜 만든 것이 파라핀 미용이다.

(1) 기본 재료

습식 매니큐어 재료, 파라핀 왁스 워머, 파라핀 왁스, 핫 장갑, 비닐주머니

(2) 사전 준비

테이블을 소독하고 재료 정리 및 기구를 소독한다. 파라핀은 왁스 온도가 52~55℃ 되도록 유지한다. 파라핀은 녹는 시간이 4~5시간 소모되므로 살롱에서는 시작할 때 on으로 하여 마칠 때 off 하는 것이 좋다.

(3) 시술 과정

① 습식 매니큐어 시술 과정 중 소독 ~ 유분기 제거 과정까지 동일

② 베이스 코트 바르기 : 베이스 코트는 바르지 않으면 파라핀 자체의 유분기 때문에 폴리시를 바르면 폴리시가 쉽게 벗겨질 수 있다.

③ 파라핀에 담그기 : 베이스 코트가 건조된 후 수분 로션이나 아로마 오일을 바른 다음 파라핀이 팔목까지 오도록 담그고 3~5회 반복하여 파라핀을 얹음으로써 피부 온도가 차단되고 보온 효과를 통해 파라핀 미용의 효과를 본다.

④ 비닐 팩 씌우기 : 열이 외부로 빠져나가는 것을 방지하여 파라핀 미용의 효과를 높인다.

⑤ 전기 장갑 씌우기 : 8~10분 정도 보온 효과를 보게 한다.

⑥ 파라핀 벗기기 : 전기 장갑을 벗기고 비닐 팩을 벗긴 후 파라핀을 손목에서 손끝으로 벗겨낸다. 로션이나 오일이 흡수될 때까지 마사지를 한다.

⑦ 유분기 제거 : 손톱에 남아 있는 유분기 제거 후 우드 스틱에 솜을 말아 폴리시 리무버에 적셔 손톱 주위나 프리 에지를 닦아준다.

⑧ 베이스 코트 바르기

⑨ 유색 폴리시 바르기

⑩ 톱 코트 바르기

[TEST] 파라핀 매니큐어 실습일지	
주제	
목표	
실습내용	
실습후기	

4. 페디큐어 (Pedicure)

페디큐어란 발과 발톱을 가꾸고 손질해 주며, 마사지로 근육과 피로를 풀어주며 아름답게 가꾸어 주는 발 미용이다. 노출이 많은 여름철에 가장 선호되며, 슬리퍼나 샌들을 신었을 때 효과가 높다.

(1) 재료

습식 매니큐어 재료, 페디 파일, 콘 커터, 토우 세퍼레이터, 족탕기

(2) 시술 과정

① 소독

시술자의 손을 먼저 소독하고 고객의 발을 소독한다.

② 남은 폴리시 제거

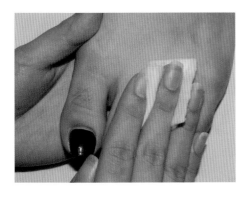 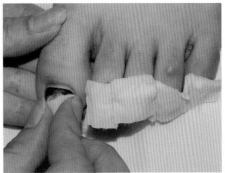

③ 길이 정리 및 발톱 모양 잡기

모양은 스퀘어로 다듬고, 파일링은 양쪽 코너에서 중앙으로 해준다.

④ 샌딩하기

발톱 표면은 샌딩 블록으로 매끄럽게 정리해 준다.

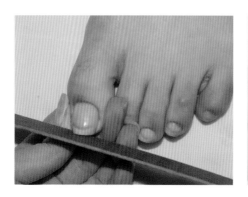
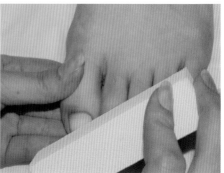

⑤ 족탕기에 담그기

굳은살을 불리기 위해 5~10분 정도 발을 담가준다.

⑥ 큐티클 밀기

물기를 제거한 후 큐티클 리무버나 오일을 발라 푸셔로 조심스레 밀어올린다.

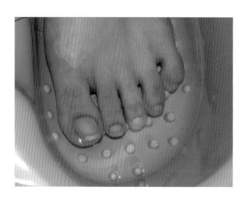
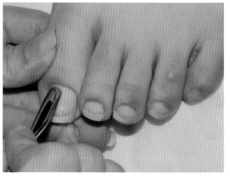

⑦ 큐티클 정리

니퍼로 불필요한 큐티클을 정리하고 족탕기에 발을 다시 담근다.

⑧ 굳은살 제거

굳은살이 있는 고객의 경우 콘 커터로 종문의 결 방향대로 안쪽에서 바깥쪽으로
사용한다.

콘 커터 사용 시 한꺼번에 너무 많이 깎아내면 피부가 손상이 될 수 있기 때문에
조금씩 깎아낸다. 페디 파일은 콘 커터 사용 후 페디 파일에 스크럽을 묻혀 종문
결대로 문질러준다.

★목욕 시에 커터기를 사용하는 것은 좋지 않다.

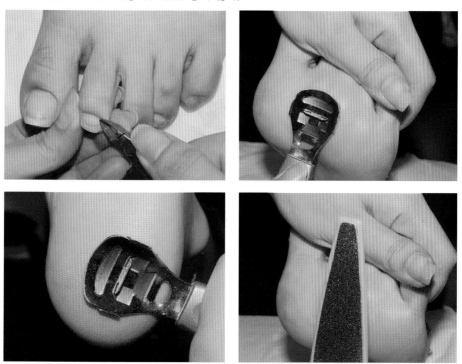

⑨ 발 씻기

발을 깨끗이 씻기고 물기를 닦아준다.

⑩ 소독하기

세균 침투를 방지하고 피부를 진정시키기 위해 안티셉틱을 뿌려준다.

⑪ 마사지

마사지 로션으로 발과 다리에 골고루 마사지해 준다.

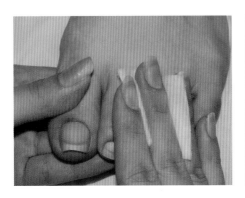
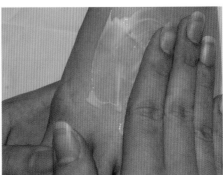

⑫ 유분기 제거

스팀 타올로 마사지 로션의 유분기를 제거한 후 오렌지 우드 스틱에 솜을 말아 리무버를 적신 후 발톱 유분기를 제거한다.

⑬ 토우 세퍼레이터 끼우기

발가락이 부딪혀서 폴리시가 뭉개지는 것을 방지하기 위해 1회용 토우 세퍼레이터를 끼워 준다.

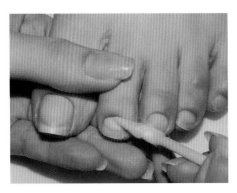
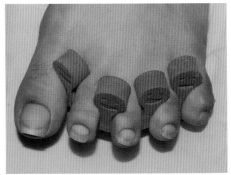

⑭ 베이스 코트 바르기

폴리시가 잘 밀착되도록 얇게 발라준다.

⑮ 폴리시 바르기

본래의 색상이 나오도록 2~3회 발라준다.

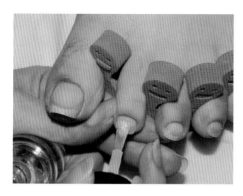 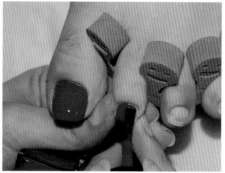

⑯ 톱 코트 바르기

광택을 주며 컬러의 벗겨짐을 방지한다.

[TEST] 페디큐어 매니큐어 실습일지

주제	
목표	
실습내용	
실습후기	

5. 네일 팁(Nail Tip)

네일 팁(nail tip)이란 손톱의 길이를 인위적으로 늘리는 데 사용되는 인조 손톱을 말한다. 팁의 재질은 플라스틱, 나일론, 아세테이트로 만들어 졌으며, 팁 시술만으로는 약하기 때문에 팁 위에 랩(wrap), 아크릴(acrylic), 젤(gel)을 사용하여 보강한다.

1) 팁의 종류

① 풀 팁(full tip) : 손톱 전체를 덮는 팁이며, 풀 커버 팁(full cover tip)이라고도 한다. (내추럴, 컬러 팁, 디자인 팁)

② 반 팁(half tip) : 손톱의 끝 부분에 붙여 적당한 길이를 잘라내어 손톱의 길이를 연장하는 데 쓰인다.

③ 레귤러 팁

④ 스퀘어 팁

⑤ 디자인 팁(design tip) : 컬러 팁 또는 각종 아트를 해놓은 팁으로 풀 팁과 반 팁이 있다.

★팁을 부착할 때는 자연 손톱의 1/3 정도가 적당하며 1/2 이상을 커버해서는 안 된다.

2) 팁(Tip set)

(1) 재료

매니큐어 기초 재료, 팁, 글루, 젤 글루, 글루 드라이, 팁 커터

(2) 시술 과정

① 손 소독

② 폴리시 제거

③ 큐티클 밀기

④ 손톱 모양 잡기 및 손톱 광택 제거

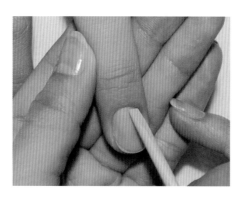 

⑤ 팁 선택하기 : 자연 손톱의 모양과 사이즈에 맞는 팁을 선택한다.

⑥ 팁 부착 : 프리 에지 부분에 적당량의 글루나 젤 글루를 발라 45도로 밀착해서 10
초 정도 기다린 후 양쪽 측면을 눌러준다.

⑦ 팁 길이 자르기 : 팁 커터기로 고객이 원하는 길이로 잘라준다.

⑧ 팁 턱 제거

글루가 건조된 후 자연 손톱과 인조 팁의 연결 부분을 위주로 매끄럽게 갈아준다.

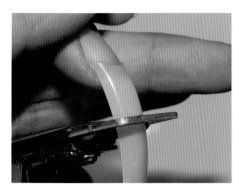

⑨ 샌딩 블럭으로 한 번 더 표면을 정리해 준다.

⑩ 필러 파우더 뿌리기

손톱 중간의 꺼진 부분에 필러 파우더와 글루를 사용하여 채워준다.

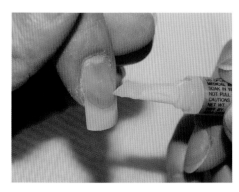
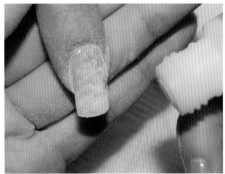

⑪ 파일링

손톱 표면을 파일로 매끄럽게 정리한 후 샌딩 블럭으로 한 번 더 정리해 준다.

⑫ 글루 도포

글루, 젤 글루 순서로 발라준다.

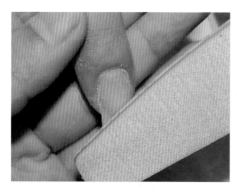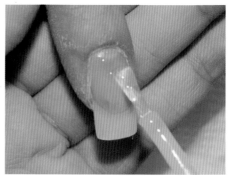

⑬ 표면 샌딩

글루 드라이를 뿌려 글루가 완전히 건조된 후에 샌딩 블럭으로 표면을 매끄럽게 정리해 준다.

⑭ 광 버퍼로 광내기

3-way나 2-way로 광을 낸 후 오일을 발라 마사지해 준다.

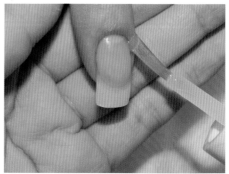

3) 팁의 제거 방법

① 100% 아세톤 용해제에 10~15분 정도 손톱을 담그는 방법

② 니퍼로 뜯어내는 방법

이 방법은 시간은 단축되지만 손톱에 손상이 많이 가므로 주의해야 한다.

③ 팁 제거 후에는 영양제로 꼭 손톱을 마사지해 줘야 건강한 손톱을 유지할 수 있다.

[TEST] 네일 팁 실습일지	
주제	
목표	
실습내용	
실습후기	

6. 프렌치 팁(Freanch Tip)

(1) 시술 재료

프렌치 팁 또는 컬러 팁, 글루, 젤 글루, 글루 드라이, 팁 커터, 필러, 파일, 샌딩

(2) 시술 과정

① 소독
② 남은 폴리시 제거
③ 큐티클 밀기
④ 손톱 모양 잡기 및 유분기 제거

⑤ 프렌치 팁 부착하기 : 자연 네일 손톱 사이즈에 맞는 팁을 선택하여 글루나 젤 글루를 팁의 월 부분에 바른후 45도로 밀착해서 5~10초 정도 눌러서 접착시킨다.
⑥ 팁 길이 자르기 : 팁 커터기나 클리퍼로 고객이 원하는 길이만큼 잘라준다.

⑦ 팁 표면 광택 제거 : 프렌치 팁은 팁의 턱 제거는 하지 않으며 샌딩으로 팁의 광택만 살짝 제거한다.

⑧ 필러 파우더 뿌리기

손톱 중간의 꺼진 부분에 필러와 글루를 사용하여 채워준다.

⑨ 파일링

글루가 건조된 후 파일로 표면을 정리해 준다. 샌딩 블럭으로 한 번 더 정리한다.

⑩ 글루 도포

글루, 젤 글루 순서로 손톱 전체에 발라준다.

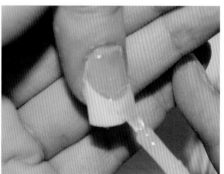

⑪ 샌딩으로 표면 정리

글루가 건조된 후 샌딩으로 표면을 매끄럽게 정리해 준다.

⑫ 광내기(Buffing)

3-way나 2-way로 손톱 표면에 광을 낸 후 오일을 발라 마사지해 준다.

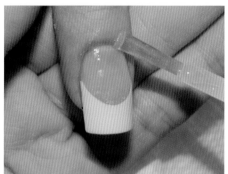

[TEST] 프렌치 팁 실습일지
주제
목표
실습내용
실습후기

04 네일 랩(Nail Wrap)

1. 네일 랩(Nail Wrap)

네일 랩이란 천(Fabric)이나 종이(Paper)를 오려서 네일 접착제를 사용하여 손톱에 붙이는 것이다. 약한 손톱이나 인조 손톱 위에 씌어줌으로써 튼튼하게 유지해 주고 찢어지거나 깨진 손톱을 손질하는 데 사용한다.

랩의 종류에는 실크(silk), 리넨(linen), 화이버글래스(fiberglass) 등이 있다. 실크와 리넨은 얇고 투명하고 파이버글라스는 천의 조직이 비치고 투박하다. 종이 랩은 매우 얇은 종이로 아세톤에 용해되기 쉬우므로 임시 랩으로만 사용한다.

1) 기본 재료

실크, 글루, 젤 글루, 글루 드라이, 필러 파우더, 실크 가위, 파일, 샌딩, 2way, 큐티클오일, 클리퍼

2) 순서

① 손 소독
② 남은 폴리시 제거
③ 큐티클 밀기 및 광택 제거
   샌딩 블럭으로 손톱 표면의 광택을 제거한다.

④ 실크 재단하기

자연 손톱의 크기에 맞게 랩을 재단한다(사다리꼴 모양으로 재단하는 것이 시술하기 편리하다).

 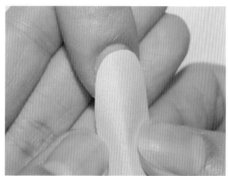

⑤ 실크 부착하기

큐티클 라인에서 1mm 정도 넘겨두고 손톱에 부착한다. 큐티클 라인은 동그랗게 재단한다.

⑥ 글루 도포

실크에 적당량의 글루를 도포한다음 랩을 프리 에지 쪽에 잡아당겨 밀착시켜 준다.

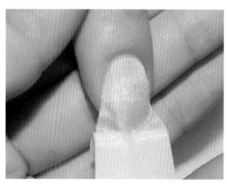 

⑦ 실크 턱 제거

180grit 파일을 사용하여 실크 턱만 제거해 준다.

표면은 샌딩 블럭으로 매끄럽게 해준다

⑧ 글루 도포

글루, 젤글루 순서로 발라준 후 글루드라이를 뿌려준다.

 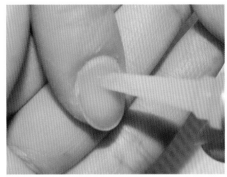

⑨ 샌딩으로 표면 정리

글루가 건조된 후 샌딩으로 표면을 매끄럽게 정리해 준다

⑩ 광내기

2-way로 표면에 광을 내준다.

 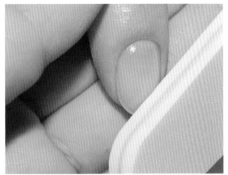

⑪ 오일을 바르고 마사지해 준다.

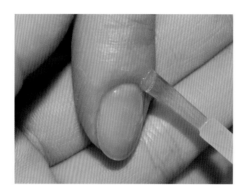

3) 네일 랩 보수하기

정기적인 보수 작업을 해야만 항상 처음같이 유지할 수 있으며, 얇아서 깨어지는 것과 부러지는 것을 예방할 수 있다.

보수는 2주 후에 하고, 글루+젤글루만 바르고 4주 후에는 다시 자란 부분에 네일 랩을 붙여 준다.

[TEST] 네일 랩 실습일지

주제	
목표	
실습내용	
실습후기	

2. 팁 위드 랩스(Tip with Wraps)

팁 위에 실크(랩)를 부착시켜 투박한 느낌 없이 자연스럽고 튼튼한 손톱을 만들어준다.

1)기본 재료

실크, 글루, 글루 드라이, 필러 파우더, 실크 가위, 파일 샌딩, 디스크패드, 팁 커터, 광버퍼, 큐티클 오일

2) 시술 순서

① 손 소독
② 남은 폴리시 제거
③ 큐티클 밀기 및 광택 제거
④ 팁 사이즈 선택
   자연 손톱에 알맞은 팁을 선택한다.

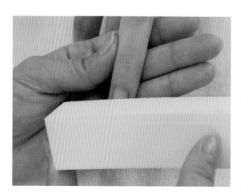

⑤ 팁 부착하기

　글루나 젤 글루를 사용하여 팁을 손톱에 부착하고, 5초~10초 정도 접착이 잘되
　도록 눌러준다.

⑥ 팁 길이 자르기

　팁 커터기를 사용하여 고객이 원하는 길이로 잘라준다.

 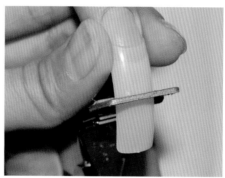

⑦ 손톱 모양 잡고 팁 턱 제거

　원하는 모양으로 손톱 모양 잡고, 자연 네일이 손상되지 않도록 주의하며, 팁 턱
　을 매끄럽게 정리해 준다.

⑧ 필러 파우더 뿌리기

　손톱 표면이 완만하게 나오지 않았을 경우, 필러와 글루를 사용하여 꺼진 부분을
　채워준다.

★턱 제거 후 표면이 완만하게 나왔을 경우 생략한다.

⑨ 실크 재단하기

손톱 사이즈에 맞춰 실크를 재단한다.

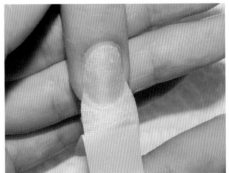

⑩ 실크 부착하기

큐티클 라인을 1mm 정도 남기고 접착시켜 프리 에지 끝까지 밀착시킨다.

⑪ 글루 도포하기

적당량의 글루를 도포해 준다.

⑫ 실크 턱 제거하기

180grit 파일로 실크 턱을 제거해 준다. 표면은 샌딩으로 매끄럽게 정리한다.

⑬ 글루(젤) 도포

찌꺼기를 털어내고 글루, 젤 글루 순서로 도포해 준다. 글루 드라이를 뿌려준다.

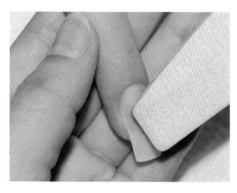 

⑭ 샌딩하기

표면이 완전히 건조된 후 샌딩 블록으로 큐티클 라인 턱과 표면을 매끄럽게 정리해 준다.

⑮ 광내기

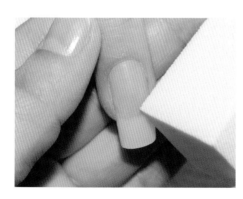 

⑯ 오일 바르고 마사지하기

[TEST] 팁 위드 랩스 실습일지	
주제	
목표	
실습내용	
실습후기	

3. 실크 익스텐션(Silk Extension)

실크 천에 필러 파우더와 글루를 사용해 손톱 길이를 연장하는 방법을 실크 익스텐션이라 한다.

1) 재료

실크, 글루, 젤 글루, 글루 드라이, 실크 가위, 필러 파우더, 클리퍼, 파일, 샌딩, 광 버퍼, 큐티클 오일

2) 시술 과정

① 손 소독
② 남은 폴리시 제거
③ 손톱 모양 잡고 표면 광택 제거
④ 실크 재단
　 손톱 크기에 알맞게 재단하고, 프리 에지 아랫부분은 손톱 크기보다 여유 있게 한다.
⑤ 실크 부착하기
　 큐티클 라인을 1mm 정도 남기고 프리 에지 끝 부분까지 밀착시켜 접착한다.

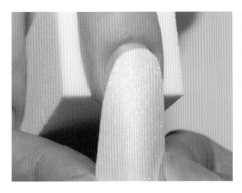 

⑥ 글루 도포

자연 손톱의 보디 부분에 글루를 도포한다.

프리 에지 부분은 손가락으로 C 커브가 나오도록 잡아당겨 글루와 필러를 2회 정도 도포한다.

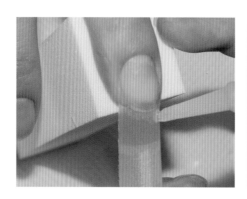 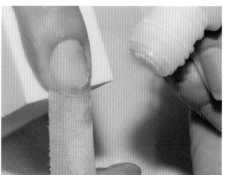

⑦ 길이 자르기

원하는 길이만큼 클리퍼로 잘라준다.

⑧ 필러 파우더 뿌리기

프리 에지 부분에 글루를 다시 도포한 후, 필러 파우더를 뿌려가며 두께를 만들어 준다.

이때 C 커브가 나오도록 모양을 다듬어 준다. 스트레스 포인트 위로 전체적으로 글루와 필러를 뿌려준다.

 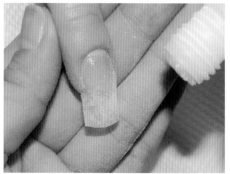

⑨ 손톱 모양 잡고 실크 턱 제거하기

손톱 모양을 다듬고 180grit 파일로 실크 턱을 제거한다.

⑩ 표면 정리

100grit 파일로 손톱 표면을 정리한 후 샌딩 블록으로 매끄럽게 정리해 준다.

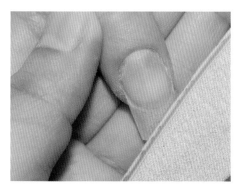 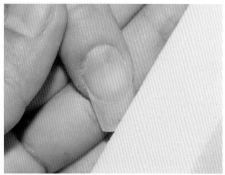

⑪ 글루(젤) 도포

찌꺼기를 털어내고, 글루, 글루 젤 순서로 바른다(글루는 프리 에지 뒷면에도 발라준다).

⑫ 샌딩하기

표면이 완전히 건조된 후 큐티클 라인 턱과 표면을 샌딩으로 매끄럽게 정리해 준다.

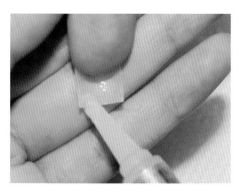 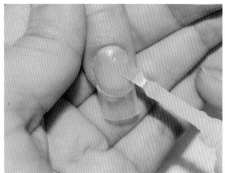

⑬ 광내기

⑭ 오일 바르고 마사지하기

[TEST] 실크 익스텐션 실습일지	
주제	
목표	
실습내용	
실습후기	

4. 디자인 실크 익스텐션 (Design Silk Extension)

1) 재료

실크, 글루, 글루 드라이, 필러 파우더, 실크 가위, 클리퍼, 파일, 샌딩, 광 버퍼, 큐티클 오일, 아트 재료

2) 시술 순서

① 손 소독
② 폴리시 제거
③ 손톱 모양 잡고 손톱 광택 제거
④ 실크 재단
   손톱 크기에 알맞게 재단하고, 프리 에지 아랫부분을 손톱크기보다 여유 있게 한다.
⑤ 실크에 디자인하기
   재단한 실크에 물감을 이용하여 그림을 그려준다.

⑥ 실크 부착하기
   디자인이 건조된 후에 큐티클 라인을 1mm 정도 남기고 프리 에지 끝 부분까지 밀착시켜 접착한다.

⑦ 글루 도포

자연 손톱의 보디 부분에 글루를 도포한다.

프리 에지 부분은 손가락으로 C 커브가 나오도록 잡아당겨 글루와 필러를 2회 정도 도포한다.

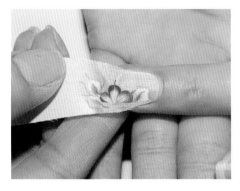 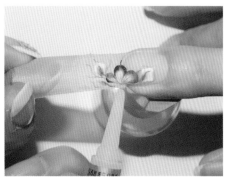

⑧ 길이 자르기

원하는 길이만큼 클리퍼로 자른다.

⑨ 필러 파우더 뿌리기

프리 에지 부분에 글루를 다시 도포한 후, 필러 파우더를 뿌려가며 두께를 만들어 준다.

이때 C 커브가 나오도록 모양을 다듬어 준다. 스트레스 포인트 위로 전체적으로 글루와 필러를 뿌려준다.

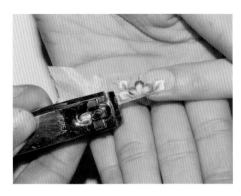 

⑩ 손톱 모양 잡고 실크 턱 재기하기

모양을 다듬고 180grit 파일로 실크 턱을 제거한다.

⑪ 표면 정리

100grit 파일로 손톱 표면을 정리한 후 샌딩 블록으로 매끄럽게 정리해 준다.

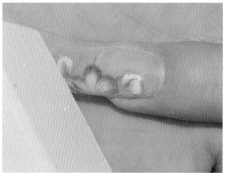

⑫ 글루(젤) 도포

찌꺼기를 털어내고, 글루, 글루 젤 순서로 바른다. (글루는 프리 에지 뒷면에도 발라준다.)

⑬ 샌딩하기

표면이 완전히 건조된 후 큐티클 라인 턱과 표면을 샌딩으로 매끄럽게 정리해 준다.

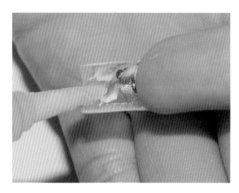

⑭ 광내기

⑮ 오일 바르고 마사지하기

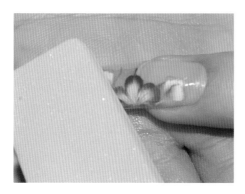

[TEST] 디자인 실크 익스텐션 실습일지	
주제	
목표	
실습내용	
실습후기	

05 아크릴 네일(Acrylic Nail)

1. 아크릴 네일 (Acrylic Nail)

아크릴 네일은 액체 아크릴(Acrylic Liquid)과 아크릴 파우더(Acrylic Powder) 제품이 혼합되어 만들어지는 것이다. 아크릴 네일은 매우 단단한 인조 네일이며, 자연 손톱 보강 및 손톱 교정, 인조 네일 팁 위에도 사용이 가능하다.

아크릴의 기본 물질은 3가지로 이루어져 있다.

① 모노머(Monomer)
아주 작은 구슬 형태의 구형 물질이며, 액체 아크릴 제품의 하나이다.

② 폴리머(Polymer)
구슬들이 길게 체인 모양으로 연결된 형태로 구성되어 있으며, 매우 단단하게 변화된다.

③ 카탈리스트(Catalyst)
아크릴을 빨리 굳게 하는 작용을 한다. 카탈리스트의 양을 조절하며, 빨리 굳게 할 수도 있고 늦게 굳게 할 수도 있다.

1) 아크릴에 필요한 재료

① 아크릴 리퀴드(Acrylic Liquid)

이 액체는 아크릴 분말을 녹여 적당히 반죽하는 데 사용한다.

② 아크릴 파우더(Acrylic Powder)

아크릴 네일에 사용되는 분말 형태로 여러 가지 색상이 있다.

★ 아크릭은 낮은 온도에서 잘 깨지거나 빨리 들뜨는 단점이 있다. 낮은 온도에서는 아크릴 리퀴드를 약간 따뜻하게 해서 사용하면 그 문제를 보완할 수 있다.

③ 프라이머(Primer)

아크릴 제품이 자연 네일에 잘 밀착되도록 발라주는 촉매제이며, 유수분을 제거하고 PH 농도를 조절해 주는 역할을 한다.

④ 리퀴드 용기(dippen dish)

아크릴 리퀴드를 덜어 쓰는 용기이다.

⑤ 아크릴 브러시(Acrylic Brush)

아크릴 파우더를 리퀴드에 혼합하여 네일 위에 얹을 때 사용한다.

⑥ 폼(Form)

스컬프처드 네일 시술 시 손톱 모양을 잡아주는 틀이다.

⑦ 브러시 클리너(Brush Cleaner)

브러시를 세척할 때 사용한다.

2) 아크릴 네일의 문제점과 원인

(1) 들뜸(Lifting)

아크릴이 자연 손톱으로부터 들떠 분리되는 현상

● 원인

① 아크릴 리퀴드와 파우더의 부적절한 혼합

② 자연 손톱의 유·수분기를 충분히 제거하지 않았을 경우

③ 큐티클 라인 부분에 아크릴을 너무 두껍게 올리고, 자연 손톱과의 턱을 충분히 제거하지 않아 그 틈 사이로 습기가 스며들기 때문

④ 불순물이 섞인 아크릴 파우더나 리퀴드를 사용했을 경우

⑤ 프라이머가 오염됐거나 공기 빛의 노출로 산이 약화되었을 경우

⑥ 자연 손톱 그 자체가 유·수분이 많을 경우

(2) 깨짐(Crack)

아크릴 네일이 금이 가거나 깨지는 경우

● 깨짐의 원인

① 아크릴을 너무 얇게 올렸을 경우

② 부주의한 관리

③ 시술 시 적합한 온도보다 낮은 온도에서 시술했을 경우

(3) 곰팡이(Fungus)

자연 손톱과 인조 손톱 사이에 습기가 스며들어 곰팡이가 생기는 현상

● 원인

① 들뜸 현상을 방치했을 경우 발생

② 보수 작업 시 들뜬 부분을 충분히 제거하지 않고, 그 위에 아크릴을 올렸을 경우

③ 아크릴을 떼어내야 할 시기에 떼어내지 않고 계속적인 보수 작업만 했을 경우

(4) 제거 방법

100% 아세톤 용해제에 10~15분간 손톱을 담그고 제거를 하는데 완벽하게 제거되지 않으면 2~3차례 용해제에 손톱을 담근다. 제거 후에도 영양제를 손톱에 듬뿍 발라주고 영양이 손톱에 흡수되도록 마사지해 준다.

2. 팁 위드 아크릴 오버레이(Tip with Acrylic Overlay)

(1) 재료

팁, 아크릴 파우더(핑크 또는 클리어), 리퀴드, 디펜디시, 아크릴 브러시, 브러시 클리너, 프라이머, 파일, 샌딩, 광 버퍼, 큐티클 오일

(2) 시술 순서

① 손 소독

② 폴리시 제거

③ 큐티클 밀어올리기

큐티클 오일을 바르지 않는 상태에서 손톱 표면이 손상되지 않도록 조심히 밀어준다.

④ 손톱 모양 잡고 광택 제거

손톱 모양을 라운드로 하고, 프리 에지 길이는 1mm 정도로 한다.

샌딩 블록으로 손톱 표면의 광택을 제거한다.

⑤ 팁 선택 및 부착하기

자연 네일에 알맞은 팁을 선택하고, 팁의 월 부분에 글루를 도포하여 손톱에 부착한다.

⑥ 팁 길이 자르기

원하는 길이로 팁 커터기를 이용하여 자른 후 모양을 다듬는다.

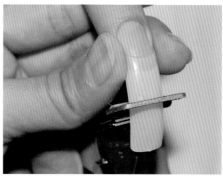

⑦ 팁 턱 제거하기

팁과 자연 손톱의 턱을 매끄럽게 파일링한다.

⑧ 프라이머 바르기

피부에 닿지 않도록 주의하며, 자연 손톱에 2회 정도 얇게 발라준다.

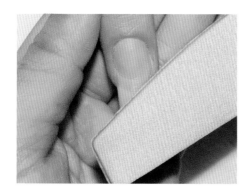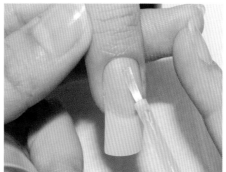

⑨ 아크릴 볼 올리기

브러시에 적당량의 리퀴드를 묻혀 아크릴 파우더에 넣고 볼을 만들어 손톱 길이
에 따라 2~3회 스텝으로 볼을 올려준다.

⑩ 파일링

아크릴이 건조되었는지 확인한 후 손톱 표면을 파일로 매끄럽게 정리한다.

⑪ 샌딩하기

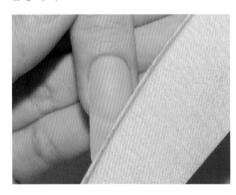

⑫ 광내기

⑬ 오일 바르고 마사지하기

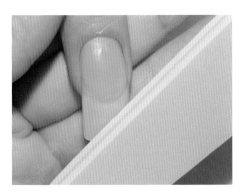
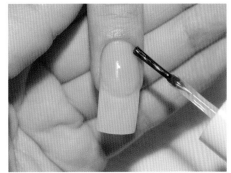

[TEST] 팁 위드 아크릴 오버레이 실습일지	
주제	
목표	
실습내용	
실습후기	

3. 원 톤 스컬프처드 (One Tone Sculptured)

네일 폼(Nail Form)을 사용해서 손톱을 연장해 주는 방법을 스컬프처드 네일
이라 한다.

(1) 재료

아크릴 파우더(핑크 또는 클리어), 리퀴드, 브러시, 브러시 클리너, 프라이머, 디펜디
시(리퀴드 용기), 네일 폼, 파일, 샌딩, 광 버퍼, 큐티클 오일

(2) 시술 과정

① 손 소독
② 폴리시 제거
③ 큐티클 밀어올리기
   큐티클 오일을 바르지 않는 상태에서 손톱 표면이 손상되지 않도록 조심히 밀어
   준다.
④ 손톱 모양 잡기 및 손톱 광택 제거
   프리 에지 길이는 1mm 정도로 라운드 모양을 잡고, 샌딩 블록으로 손톱 표면의
   유분기를 제거한다.
⑤ 프라이머 바르기
   피부에 닿지 않도록 주의하며, 소지부터 발라준다.

⑥ 네일 폼 끼우기

손톱 모양에 맞는 폼을 선택한다. 양손에 엄지와 검지를 사용하여 고객의 프리 에
지 바로 밑에 들어가도록 하며, 자연 손톱과의 공간 없이 잘 붙어있는지 확인한다.

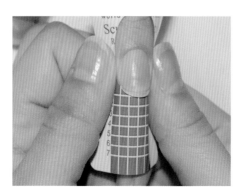
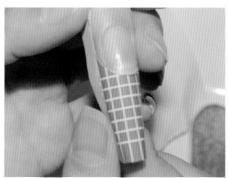

⑦ 아크릴 볼 올리기

브러시를 리퀴드에 적당량 적셔 파우더에 볼을 만들어 프리 에지부터 아크릴 볼
을 올린다(양쪽 그루브 위에 묻지 않도록 주의하며 만든다).

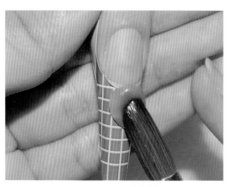
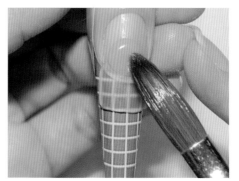

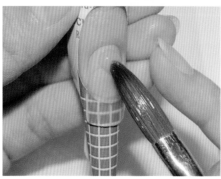

⑧ 핀칭 놓고 네일 폼 제거

아크릴이 거의 말랐을 때 양 엄지손톱으로 스트레스 포인트를 눌러 손톱 모양과
C 커브가 잘 나오도록 핀칭을 준다. 그 다음 네일 폼을 제거한다.

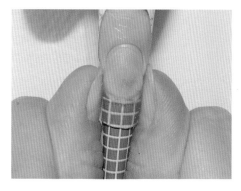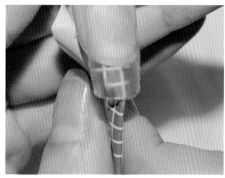

⑨ 파일링 하기

원하는 모양으로 만든 다음 전체 표면을 매끄럽게 정리해 준다.

⑩ 샌딩 하기

⑪ 광내기

⑫ 오일 바르고 마사지하기

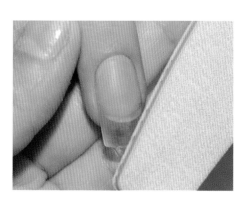

[TEST] 원 톤 스컬프처드 실습일지	
주제	
목표	
실습내용	
실습후기	

4. 프렌치 스컬프처드(투 톤 스컬프처드, French Suulptured)

(1) 재료

아크릴 파우더(핑크, 클리어, 화이트), 리퀴드, 브러시, 브러시 클리너, 프라이머, 디펜디시(리퀴드 용기), 네일 폼, 파일, 샌딩, 광 버퍼, 큐티클 오일

(2) 시술 순서

① 손 소독

② 폴리시 제거

③ 큐티클 밀어올리기

큐티클 오일을 바르지 않는 상태에서 손톱 표면이 손상되지 않도록 조심히 밀어준다.

④ 손톱 모양 잡기 및 손톱 광택 제거

프리 에지 길이는 1mm 정도로 라운드 모양을 잡고, 샌딩 블록으로 손톱 표면의 유분기를 제거한다.

⑤ 프라이머 바르기

피부에 닿지 않도록 주의하며, 소지부터 발라준다.

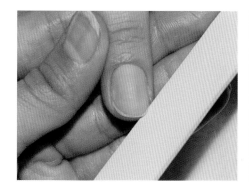
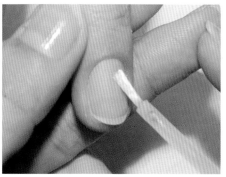

⑥ 네일 폼 끼우기

손톱 모양에 맞는 폼을 선택한다. 양손에 엄지와 검지를 사용하여 고객의 프리 에지 바로 밑에 들어가도록 하며, 자연 손톱과의 공간 없이 잘 붙여있는지 확인한다.

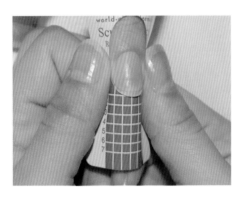
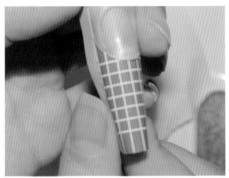

⑦ 아크릴 볼 올리기

프리 에지 부분에 화이트 아크릴 볼을 올려놓고, 브러시를 사용해 스마일 라인을 만들어 준다. 스마일 라인은 손톱 형태에 따라 약간 깊게 또는 완만한 라운드로 좌우 대칭이 되도록 만들어 준다. 보디 부분과 큐트클 라인에 2~3회 스텝으로 클리어 또는 핑크 아크릴 볼을 올려준다.

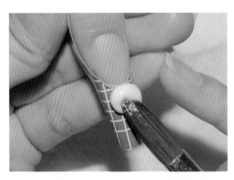
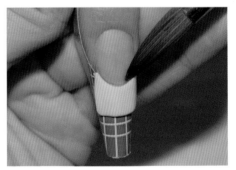

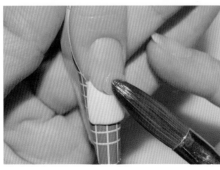

⑧ 핀칭 놓고 네일 폼 제거

아크릴이 거의 말랐을 때 양 엄지손톱으로 스트레스 포인트를 눌러 셰이프와 C커 브가 잘 나오도록 핀칭을 준다. 그 다음 네일 폼을 제거한다.

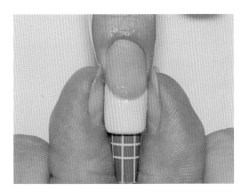 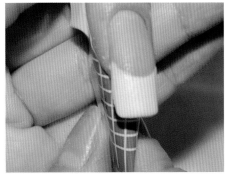

⑨ 파일링 하기

원하는 모양으로 만든 다음 전체 표면을 매끄럽게 정리해 준다.

⑩ 샌딩 하기

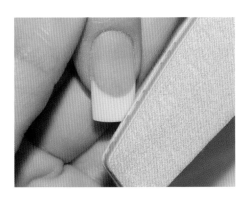 

⑪ 광내기

⑫ 오일 바르고 마사지하기

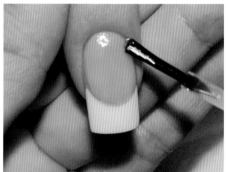

[TEST] 프렌치 스컬프처드 실습일지	
주제	
목표	
실습내용	
실습후기	

5. 디자인 스컬프처드 (Design Sculptured)

네일 폼 위에 여러 가지 컬러 파우더와 리퀴드를 사용해 손톱을 연장하는
시술 방법이다.

(1) 재료

아크릴 파우더(컬러 파우더, 클리어 파우더), 리퀴드, 브러시, 브러시 클리너, 프라
이머, 디펜디시(리퀴드 용기), 네일 폼, 파일, 샌딩, 광 버퍼, 큐티클 오일

(2) 시술 순서

① 손 소독

② 폴리시 제거

③ 큐티클 밀어올리기

큐티클 오일을 바르지 않는 상태에서 손톱 표면이 손상되지 않도록 조심히 밀어
준다.

④ 손톱 모양 잡기 및 손톱 광택 제거

프리 에지 길이는 1mm 정도로 라운드 모양을 잡고, 샌딩 블록으로 손톱 표면의
유분기를 제거한다.

⑤ 프라이머 바르기

피부에 닿지 않도록 주의하며, 소지부터 발라준다.

⑥ 네일 폼 끼우기

손톱 모양에 맞는 폼을 선택한다. 양손에 엄지와 검지를 사용하여 고객의 프리 에
지 바로 밑에 들어가도록 하며, 자연 손톱과의 공간 없이 잘 붙여있는지 확인한
다.

⑦ 프리 에지 볼 올리기

폼과 자연 손톱의 경계를 없애주기 위해 프리 에지에 클리어 파우더로 얇게 펴준다.

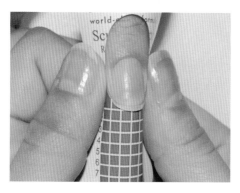 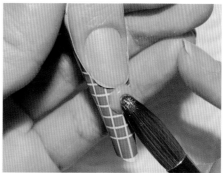

⑧ 디자인하기

컬러 파우더로 그라데이션을 한 후, 꽃 디자인을 만들어 준다.

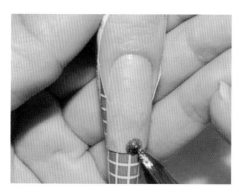 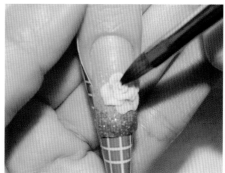

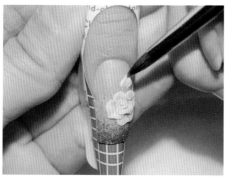

⑨ 클리어 파우더로 전체를 덮는다.

⑩ 핀칭 놓고 네일 폼 제거

아크릴이 거의 말랐을 때 양 엄지손톱으로 스트레스 포인트를 눌러 셰이프와 C 커브가 잘 나오도록 핀칭을 준다. 그 다음 네일폼을 제거한다.

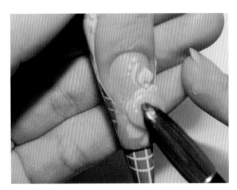
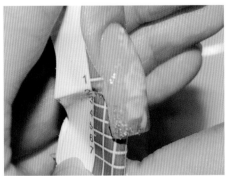

⑪ 파일링 하기

원하는 모양으로 만든 다음 전체 표면을 매끄럽게 정리해 준다.

⑫ 샌딩 하기

⑬ 광내기

⑭ 오일 바르고 마사지하기

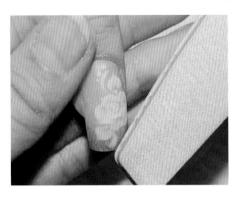

[TEST] 디자인 스컬프처드 실습일지
주제	
목표	
실습내용	
실습후기	

06 젤 네일(Gel Nail)

1. 젤 네일(Gel Nail)

젤은 아크릴 소재와 화학적으로 비슷한 밀도를 갖는 물질이지만, 젤은 별도의 카타리스트(Catalyst)인 응고제가 필요하다.

젤은 굳게 하는 방법에는 라이트 큐어드 젤(Light Cured Gel, 특수 광선이나 할로겐 램프의 빛을 사용하여 굳게 하는 것)과 노 라이트 젤(No Light Gel, 빛을 사용하지 않고 응고제 스프레이를 바르거나, 글루 드라이어 외에 엑티베이터를 담가줌으로써 굳어지는 것)이 있다.

2. 팁 위드 젤 오버레이(Tip With Gel Overlay)

(1) 재료

라이트 큐어드 젤(클리어), 큐어링 라이트, 젤 브러시, 베이스 젤, 탑 젤, 젤 클리너, 파일, 샌딩, 팁 커터, 글루, 팁, 큐티클 오일

(2) 시술 순서

① 손 소독

② 남은 폴리시 제거

③ 큐티클 밀기

큐티클이 건조한 상태이므로 손톱 표면에 손상이 가지 않도록 조심스럽게 밀어
준다.

④ 손톱 모양 잡고 광택 제거

프리 에지 길이는 1mm 정도로 하고 라운드로 손톱 모양을 잡아준다.

손톱 표면은 샌딩 블록으로 광택을 제거한다.

⑤ 팁 부착하기

월 부분에 글루(젤)를 도포하여 45도 각도로 팁을 접착시키고, 글루가 건조된 후
원하는 길이만큼 팁 커터기로 잘라준다.

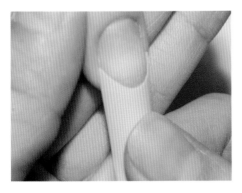

⑥ 베이스 젤 바르기

베이스 젤은 얇게 전체적으로 발라준다.

⑦ 큐어링 하기

제품에 따라 30초에서 1분 정도 큐어링 해준다.

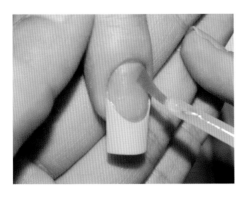
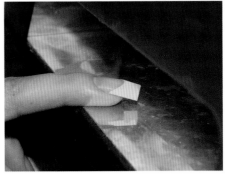

⑧ 클리어 젤 올리기

　전체적으로 클리어를 도포한 후 양을 조절해 가며 두께를 만들어 준다.

⑨ 큐어링 하기

　1분 정도 큐어링 해준다.

★작업 중에는 젤의 용기와 브러시를 마르거나 굳어지는 것을 피하기 위해 라이트 큐어 기구로부터 멀리 있게 한다.

⑩ 클린저로 닦기

　클린저를 퍼프에 묻혀 젤의 끈적임을 깨끗이 닦아준다.

⑪ 파일링

　손톱 모양을 잡고 손톱 표면을 파일링 한다.

⑫ 톱 젤 바르기

제품에 따라 1분에서 3분 정도 큐어링 해준다.

⑬ 클린저로 닦기

제품에 따라 노 클리너 제품은 오일 바르고 마무리해 준다.

⑭ 오일 바르고 마무리한다.

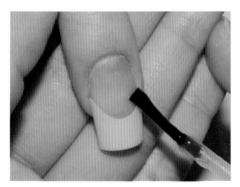 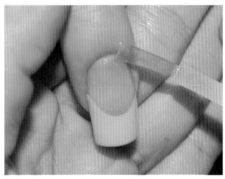

[TEST] 팁 위드 젤 오버레이(Tip with Gel Overlay) 실습일지	
주제	
목표	
실습내용	
실습후기	

3. 젤 원 톤 스컬프처드 (Gel One - Tone Sculptured)

(1) 재료

라이트 큐어드 젤(클리어), 큐어링 라이트, 젤 브러시, 베이스 젤, 톱 젤, 젤 클리너, 파일, 샌딩, 팁 커터, 글루, 팁, 큐티클 오일, 폼(종이 폼 또는 클리어 폼)

(2) 시술 순서

① 손 소독

② 남은 폴리시 제거

③ 큐티클 밀기

큐티클이 건조한 상태이므로 손톱 표면에 손상이 가지 않도록 조심스럽게 밀어 준다.

④ 손톱 모양 잡고 광택 제거

프리 에지 길이는 1mm 정도로 하고 라운드로 셰이프를 잡아준다.

손톱 표면은 샌딩 블록으로 광택을 제거한다.

⑤ 베이스 젤 바르기

베이스 젤은 얇게 전체적으로 발라준다.

⑥ 큐어링 하기

제품에 따라 30초에서 1분 정도 큐어링 해준다.

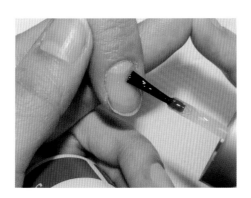

⑦ 폼 끼우기

최대한 프리 에지 밑까지 가까이 끼워준다.

⑧ 젤 올리기

클리어 젤로 프리 에지 부분을 만들어 준다.

 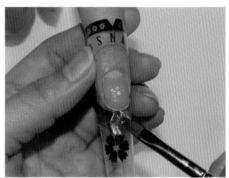

⑨ 큐어링

1분 정도 큐어링 한다.

⑩ 젤 올리기

전체적으로 클리어 젤을 도포하고, 양을 조절하며 두께를 만들어 준다.

⑪ 큐어링

완전히 건조되기 전에 핀칭을 넣어준다.

 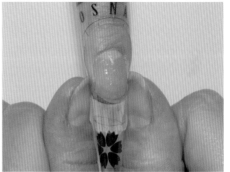

⑫ 클린저로 닦고 폼 제거

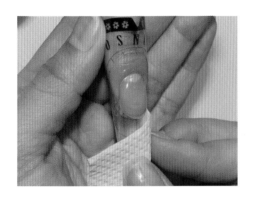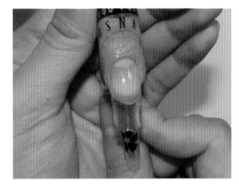

⑬ 파일링

손톱 모양을 잡고 표면을 파일링 한다.

⑭ 톱 젤 바르기

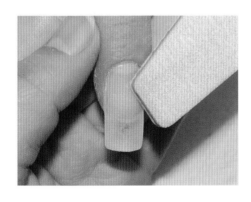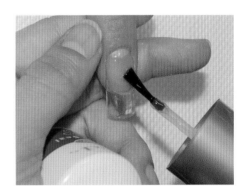

⑮ 큐어링

클리저로 1분에서 3분 정도 큐어링 한다.

⑯ 클린저로 닦기

노 클리너 제품은 오일을 바르고 마무리
한다.

⑰ 오일을 바르고 마무리한다.

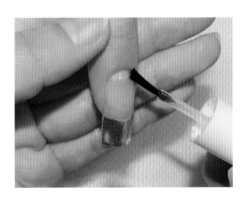

[TEST] 젤 원 톤 스컬프처드 실습일지	
주제	
목표	
실습내용	
실습후기	

4. 젤 프렌치 스컬프처드(Gel French Sculptured)

(1) 재료

라이트 큐어드 젤(클리어, 핑크, 화이트), 큐어링 라이트, 젤 브러시, 베이스 젤, 톱 젤, 젤 클리너, 파일, 샌딩, 팁 커터, 글루, 팁, 큐티클 오일, 폼(종이 폼 또는 클리어 폼)

(2) 시술 과정

① 손 소독

② 남은 폴리시 제거

③ 큐티클 밀기

큐티클이 건조한 상태이므로 손톱 표면에 손상이 가지 않도록 조심스럽게 밀어준다.

④ 손톱 모양 잡고 광택 제거

프리 에지 길이는 1mm 정도로 하고 라운드로 셰이프를 잡아준다.

손톱 표면은 샌딩 블록으로 광택을 제거한다.

⑤ 베이스 젤 바르기

베이스 젤은 얇게 전체적으로 발라준다.

⑥ 큐어링 하기

제품에 따라 30초에서 1분 정도 큐어링 해준다.

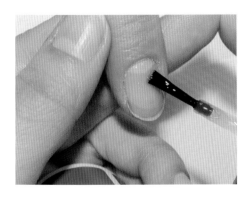

⑦ 핑크 젤로 네일 보디 부분을 도포한다.

프리 에지 끝은 약간 두께를 만들어 준다.

⑧ 큐어링

1분 정도 큐어링 한다.

⑨ 클린저

클린저로 닦고 손톱 모양을 잡아준다(Round 또는 Oval).

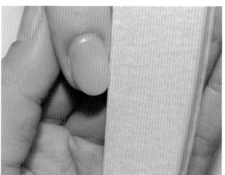

⑩ 폼 끼우기

⑪ 화이트 젤 올리기

프리 에지에 화이트 젤로 올려 스마일 라인을 만들어 준다.

⑫ 큐어링

　　1분에서 3분 정도 큐어링 한다.

⑬ 클리어 젤 올리기

　　클리어 젤을 전체적으로 도포하고, 양을 조절하며 두께를 만들어준다.

⑭ 큐어링

　　완전히 건조되기 전 핀칭을 넣어준다.

⑮ 클린저로 닦고 폼 제거

 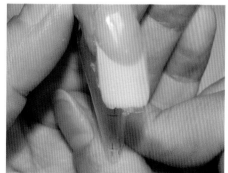

⑯ 파일링

　　손톱 모양을 잡고 표면을 파일링 해준다.

⑰ 톱 젤 바르기

 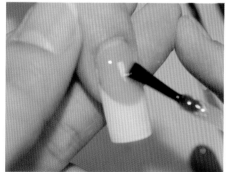

⑱ 큐어링

　1분에서 3분 정도 큐어링 해준다.

⑲ 클린저로 닦기

　노 클리너 제품은 오일을 바르고 마무리해 준다.

★오일을 바르고 마무리한다.

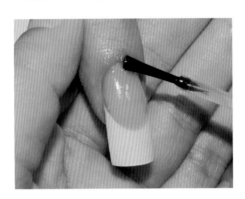

[TEST] 젤 프렌치 스컬프처드 실습일지
주제	
목표	
실습내용	
실습후기	

5. 젤 디자인 스컬프처드(Gel Design Sculptured)

(1) 재료

라이트 큐어드 젤(클리어, 컬러 젤), 큐어링 라이트, 젤 브러시, 베이스 젤, 톱 젤, 젤 클리너, 파일, 샌딩, 팁 커터, 글루, 팁, 큐티클 오일, 폼(종이 폼 또는 클리어 폼)

(2) 시술 과정

① 손 소독

② 남은 폴리시 제거

③ 큐티클 밀기

큐티클이 건조한 상태이므로 손톱 표면에 손상이 가지 않도록 조심스럽게 밀어
준다.

④ 손톱 모양 잡고 광택 제거

프리 에지 길이는 1mm 정도로 하고 라운드로 손톱 모양을 잡아준다.
손톱 표면은 샌딩 블록으로 광택을 제거한다.

⑤ 베이스 젤 바르기

베이스 젤은 얇게 전체적으로 발라준다.

⑥ 큐어링 하기

제품에 따라 30초에서 1분 정도 큐어링 해준다.

⑦ 폼 끼우기

⑧ 컬러 젤을 사용하여 프리 에지를 만들어 준다.

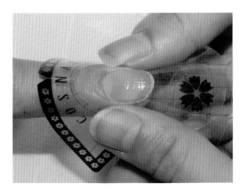 

⑨ 젤 디자인하기

화이트 젤과 여러 색상의 컬러 젤로 디자인해 준다.

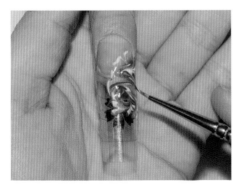 

⑩ 큐어링

1분에서 3분 정도 큐어링 한다.

⑪ 클리어 젤 올리기

클리어 젤을 전체적으로 도포하고, 양을 조절하며 두께를 만들어준다.

⑫ 큐어링

1분 정도 큐어링 해준다.

⑬ 클린저로 닦고 폼 제거

⑭ 파일링

   손톱 모양을 잡고 표면을 파일링 해준다.

⑮ 톱 젤 바르기

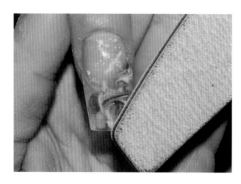 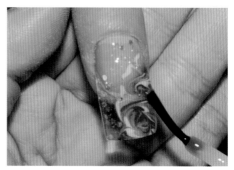

⑯ 큐어링

⑰ 클린저로 닦기

⑱ 오일을 바르고 마무리한다.

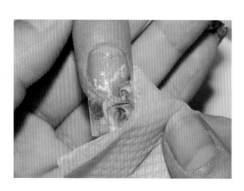 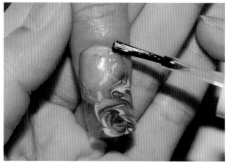

[TEST] 젤 디자인 스컬프처드 실습일지	
주제	
목표	
실습내용	
실습후기	

07 네일아트 색채심리와 이미지

1.색채 심리

색, 색은 무엇일까?

우리는 색은 "그 자체가 이것이다." 라고 잘라 말할 수 없다는 것을 알 수 있다. 색은 복잡하고 알 수 없는 메시지를 우리 몸과 마음에 보내는데 우리들은 무의식 속에서 그 메시지를 받아들이고 반응한다. 우리들이 무언가 선택할 때도 색이 결정적 역할을 담당한다. 우리가 무의식적으로 선택한 색들이 색에 대한 우리들의 취향을 드러내는 것이다. 이렇듯 색이 사람들에게 미치는 영향은 매우 크며 색이 중요하게 여겨지는 이유이기도 하다. 예를 들면 활기찬 생활을 위해서는 색의 리듬감은 반드시 필요하며 자신의 기분이나 건강 상태에 따라 색상을 바꿔줘야 하기 때문이다. 신체의 리듬이 하향곡선을 그릴 때는 신체의 리듬을 상승시킬 수 있는 밝은 색상으로, 신체의 리듬이 상승곡선을 그릴 때는 차분한 색상으로 옷이나 액세서리 등으로 연출한다면 기분이 너무 가라앉거나, 흥분되는 것을 막을 수 있다. 이렇듯 색은 인간의 신체에 영향을 미칠 뿐만 아니라 마음에도 영향을 끼친다. 이것은 우리가 무의식 속에서 나름대로 색에 반응한다는 증거이다.

이러한 색의 심리를 이용하여 네일아트를 할 때, 고객의 심리 상태에 맞는 색채를 활용한다면 네일리스트와 고객과의 소통이 더욱 원활하게 이루어 질 수 있다.

1) 빨강

　흥분을 유발하는 대표색으로 빨강은 사람을 긴장시키며 정열적인 이미지를 나타내며 태양, 불꽃, 피, 심장 등이 연상된다. 생리적으로 활발한 반응을 일으키는 색이다. 또한, 감각과 열정을 자극하는 색으로 에너지를 느끼게 한다. 빨강은 긍정적 이미지를 느끼게 하는 반면 공격적이며 분노를 상징하고 미움을 느끼게도 한다. 스페인의 투우를 보면 투우사의 붉은 천이 소를 흥분시키기 위한 것이 아니라 실제로는 관중을 흥분시키기 위한 것이라 한다. 빨강은 활동성과 기능성이 요구되는 평상복에 많이 사용되며 강한 이미지를 표현하고자 할 때 강조 색으로 사용되기도 한다.

2) 오렌지

식욕을 자극하는 주황색은 신경조직을 자극하고 뇌에 활력을 주며, 심장박동수와 맥박수를 증가시킨다. 당근, 오렌지, 연어, 비타민 등이 연상되며 강렬한 태양의 색으로 남국적인 분위기의 정열을 나타낸다. 오렌지색상이 가지는 상징성은 젊은이의 색이라고 불리기도 하고, 에너지를 나타내는 색이기도 하다. 그러나 조금만 사용해야지 너무 많이 사용하면 경박한 느낌을 주고 지나치면 싸구려처럼 보인다. 흰색을 조금 섞으면 복숭아 색에 가까운 신선함과 건강한 이미지를 나타낸다.

3) 노랑

빛을 가장 많이 반사하는 색으로 그 밝음으로 사람들을 즐거움과 동시에 유쾌함을 불러일으키며 집중하게 만드는 색이다. 긴장을 해소시켜 주며, 운동신경의 움직임을 증가시켜준다. 개나리, 해바라기, 은행잎, 레몬 등이 연상되며, 경고 메시지나 스쿨버스처럼 확실하게 주목성이 있는 곳에 사용한다. 노란색과 검정색의 조합은 위험을 상징하기도 하며, 따라서 학교나 커브길에 사용할 경우 큰 효과를 나타낸다. 노란색은 액센트 컬러로 사용하는 게 가장 좋다. 이러한 점에 유의하여 색상이 주는 화려함으로 시선을 집중시키는데 사용하면 효과를 극대화할 수 있다.

4) 녹색

초록색은 중성색으로 사람의 눈이 인식하기 가장 쉬운 색이다. 자연의 색으로, 휴식을 떠올리기도 하며 평화를 상징한다. 추상적 이미지로는 침착, 평온, 조화, 협조, 미숙, 미경험이 있다. 녹색은 잘못 사용하면 세련되지 못한 느낌을 줄 수 있으므로 명도나 채도의 변화로 적절하게 응용해야 할 것이다. 카키색처럼 깊고 좀 더 자연스런 색상에는 인내력과 신뢰성과 같은 이미지가 있다. 또한, 안정감이나 침착한 느낌을 주므로 편안한 스타일의 평상복에 사용하면 효과적이다.

5) 파랑

　침착하고 진정시키는 색으로서 상쾌하고 건강, 불변성, 정적인 이미지가 있고 충성심, 신뢰감, 명예도 연상된다. 푸른 바다, 비, 지구, 푸른 산, 신호 등이 연상되는 파랑은 긍정적 이미지로 지성, 이성, 냉정, 평화의 이미지가 있고 부정적 이미지로는 우울, 고독, 슬픔, 실망, 소극적, 내성적인 이미지가 있다. 파랑은 많은 사람들이 선호하는 색으로서 선명한 색은 리조트웨어에 사용하여 젊음과 시원함을 표현할 수 있으며, 어두운 색은 도시적인 미를 표현하는 데 사용할 수 있다.

6) 보라

스트레스를 덜어주고 직관력을 향상시키는 보라색은 포도, 라벤더, 가지, 보석 등을 연상시킨다. 신비, 의지력, 사고력, 고귀, 우아 등의 긍정적 이미지와 불안, 고독, 자만, 정서불안의 부정적 이미지가 있고, 많이 사용하면 인공적이며 강압적이고 야한 느낌을 준다.

보라는 젊은 층보다는 주로 중년층에 사용되며 우아하고 여성스런 이미지를 표현하는 데 사용하면 효과가 있다.

7) 갈색

강한 이미지를 주는 갈색은 나무, 대지, 가구, 땅, 낙엽을 연상시키며, 검정색과 빨간색처럼 무겁지 않으며 신뢰감을 주는 색으로 인식된다. 갈색은 안정, 클래식, 소박 보수적의 긍정적 이미지와 촌스러움, 수수함 등의 부정적 이미지가 있다.

갈색은 흙과 숲의 색이지만 가정적인 색이기도 하다. 빵과 바구니의 색이기 때문에 건강과 자연스런 이미지를 나타내며, 가장 큰 특징은 자연 속에서 기운을 북돋워 주는데 있다. 갈색 고유의 이미지는 전통과 근원을 상징하므로 중후한 분위기와 내추럴한 분위기를 나타내는 데 효과적이다.

8) 회색

도시적, 보수적, 지적, 기계적, 남성적의 비즈니스 지향적이며 깔끔한 이미지를 주고 싶다면 회색이 적당하다. 회색을 너무 많이 쓰면 자신의 모습이 잘 나타나 보이지 않는다. 부정적 이미지의 회색은 대표적인 것이 진부한 느낌을, 단일 회색 자체는 재미도 없고 지루한 느낌을 주지만 다른 색과 조합하면 강하고 대담하면서도 세련된 색으로 변한다. 회색은 어떤 색과의 배색에도 잘 어울리는 특성을 가지고 있으며 은색, 메탈그레이는 값비싼 이미지를 가지고 있다.

9) 검정색

여성의 기본 아이템으로 자리 잡은 블랙은 밤, 어두움, 상복 등을 연상시키며 긍정적 이미지로는 절대적, 도회적, 격조 높은, 고급 상품 등이 있고 부정적 이미지로는 어두움, 불길, 절망적, 불안, 음기, 공포 등이 있다. 패션에서의 검정색은 젊은이들의 패션에 많이 사용되는데 이는 검정이 가지는 모던함과 세련미, 화려하면서도 섹시하기 때문이다. 액세서리와 매치가 잘되어 매우 실용적인 색으로 다른 색과의 배색에서는 선명하고 강렬한 이미지를 준다.

TEST	색의 심리적 기능에 대해 연구

2.색채 심리 활용

1) 색의 감정

색의 감정은 색의 3속성인 색상, 명도, 채도의 영향에 따라 각각 다르게 느껴지며, 이 것은 색채의 사용에 있어서 아주 중요하며, 목적에 맞는 색을 사용하는 능력을 키워나 가야 한다.

2) 온도감과 색채

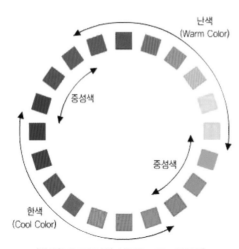

난색
(Warm Color)

중성색

중성색

한색
(Cool Color)

〈색상환에서의 **난색**과 **한색** 그리고 **중성색**〉

① 온도감
여름 : 흰색, 청색옷의 한색 계열의 색이 온도감이 낮게 보인다.
겨울 : 검은색 옷이나, 노란색 계열의 옷이 온도감이 높게 보인다.

② 난색

주황, 빨강, 자주, 노랑은 따뜻한 느낌을 주는 색이다. 무채색에서는 저명도의 색이 더 따뜻하게 느껴진다.

Point

색채는 고유의 색깔을 지니고 있어 영적 에너지를 자극해서 몸의 에너지를 활성화시킨다. 예를 들어 붉은색이나 오렌지색, 또는 노란색 계통은 몸에 활력을 주는 색상들이다.

③ 한색

파랑, 청색, 남색은 차가운 느낌을 주는 색으로 무채색에서는 고명도의 색이 더 차갑게 느껴진다.

Point

컬러 테라피에 있어서 푸른색, 남색 계통은 몸의 열을 가라앉히고, 안정을 주는 효과가 있다. 숙면을 돕고 뇌가 극도로 자극을 받아 흥분했을 때 진정작용을 한다.

④ 중성색

연두, 녹색, 보라는 중성색으로서 미지근하고 서늘한 느낌을 준다. 중성 색은 주위에 난색 계열이 있으면 따뜻하게 느껴지고, 주위에 한색 계열이 있으면 차갑게 느껴진다.또한 채도가 높은 색들의 대비에서는 중성 색을 사용하는게 좋다.

Point

컬러 테라피에 있어서 보라색은 창의적인 사고에 좋은 색이며 직관력을 강화시켜 준다.

⑤ 음양오행 사상

우리나라의 대표색으로 흰색, 흑색, 황색, 적색, 청색의 오방색이 있다. 색동, 단청, 오색실 등이 여기에 속한다. 오방색은 행운의 색으로 생각되어 우리나라 의, 식, 주에 모두 활용되었다.

양(陽)의 색 : 흰색, 황색, 적색
음(陰)의 색 : 청색, 흑색

3) 흥분색과 진정색

① 흥분색
난색 계통으로서 명도와 채도가 높은 색으로 자극과 피로감을 준다.
예) 화려한 색으로 구성된 운동경기

② 진정색
한색 계통의 명도가 낮은 색으로서 편안함과 피로회복에 도움을 준다.
예)푸른 하늘과 녹색 숲

4) 주목성

① 시선을 끄는힘
② 고명도, 고채도의 색이 시선을 많이 받는다.
③ 빨강, 노랑 등의 원색이 주목성이 높다.
예) 교통표시, 위험물

Point

미국의 색채 연구가 비렌(Faber Birren)의 연구에 의하면 난색 계열은 시간의 흐름이 길게 느껴지
고 붉은색은 속도감이 빠르게 느껴진다고 하며, 채도와 명도가 높은 색도 속도가 빠르게 지각이 된
다. 기다리는 시간이 많은 공항, 터미널 등은 한색 계열로 인테리어 하는 것이 좋다.

TEST	색의 심리를 활용한 네일아트에 대해 연구

3. 색채 이미지

1) 캐주얼(Casual) 이미지

활동적인 평상복과 스포츠웨어를 중심으로 기능성과 실용이 요구되는 대중적인 트랜드로서 간단하고, 밝고 젊은 감각에 맞는 디자인으로서 색상은 주로 원색적이며 선명하고 화려하며 활동적이다. 액세서리로는 유쾌한 이미지를 지니고 있는 동적인 스타일로서 귀에 붙는 귀걸이와 장식성과 기능성을 살린 액세서리가 주를 이룬다.

2) 엘레강스(Elegance) 이미지

우아하고 품위를 나타내며 지성적인 이미지를 의미한다. 또한, 세련됨을 강조할 수 있고 기품 있는 고급스러움을 주기 위해 인체 곡선의 실루엣과 밝고 온화한 색상으로 흰색, 아이보리, 검정, 회색 등을 사용하며 보라 계열, 베이지 계열을 사용한다. 액세서리 소재로는 진주, 리본, 실크, 쉬폰 등을 사용한다.

3) 클래식(classic) 이미지

고전적이고 전통미, 그리고 안정감 있고 귀족적이고 이지적이다. 유행과 상관없이 시대를 초월한 가치와 보편성을 지니며, 배색은 갈색 색조를 중심으로 와인레드, 다크그린, 베이지 계열, 골드 계열 등 깊이 있는 색으로 하고 색상 간의 대비감이 강하지 않도록 한다. 액세서리로는 광택이 적은 금속성, 진주 코사지 등의 재료를 사용하며 진주로 귀에 붙는 귀걸이가 귀족적인 이미지를 더해 준다.

4) 모던(Modern) 이미지

도회적인 차가운 이미지와 지적인 느낌의 커리어 우먼 스타일로서 현대적인 감각의 미래지향적인 의미에 적합하게 무채색 계열인 화이트, 블랙, 그레이가 주된 색이며 단색의 모노 톤을 주로 사용한다. 장식적이기보다 전체적인 느낌은 세련되고 단순하며 도시적인 느낌으로 깊이 있는 단색을 중심으로 최소한의 배색을 한다. 액세서리는 금속, 유리 플라스틱 등 인공 소재가 주류이다. 실험적인 이미지를 지니고 있어 전위적인 면을 나타내기도 한다.

5) 로맨틱(Romantic) 이미지

비현실적, 공상적 의미로 귀엽고 사랑스러운 소녀 취향의 감성이며, 낭만적이고 환상적이며, 아름답고 화려한 여성적 느낌이다. 기능적인 것보다는 장식적인 부드러운 질감의 소재를 사용해야 하며, 액세서리로는 스팽글 장식과 다양한 색상의 구슬목걸이와 헤어핀 등 그리고 레이스, 리본 등을 사용한다.

6) 아방가르드(Avant-garde) 이미지

 기존의 평범한 것을 거부하고 기존의 대중성, 일반성을 무시한 도전적이고 실험적인 정신을 지향한다. 아방가르드는 기능성이나 실용성보다는 예술성을 더욱 강조한다. 액세서리에는 흑색, 백색, 금색, 은색 등의 다양한 색상과 금속성 소재, 헤어밴드, 귀걸이, 목걸이, 코걸이, 코사지 등 도전적이고 실험적인 분위기를 강조한다.

7) 에스닉(Ethnic) 이미지

민족적이며 소박하고 전원적인 민속적 문화와 관습을 강조하는 이미지이며 에스닉은
토속적이며 종교적 의미가 가미된 것이다. 액세서리에는 우드, 자개, 뿔 등 천연 재료를
민속적이고 토속적인 풍으로 만든다(예, 아프리카풍의 목걸이, 인도풍의 스카프).

8) 고저스(Gorgeous pearl) 이미지

고저스는 화려함, 사치스러운, 장식적인 의미로 사용되며 젊은이보다는 성숙하고 원숙한 여성에게 맞는 이미지로 일류와 럭셔리함을 선호한다. 따뜻하고 딱딱한 색상 이미지가 특징이며 전통 있는 고전적인 것에 끌리는 경향이 있다. 골드, 실버, 보라, 초록, 블루 등의 색상으로 배색한다. 액세서리로는 클래식한 진주 이어링, 진주 쵸커, 실버 팔찌

TEST	패션 이미지 활용에 있어서 네일아트의 역할은?

4. 톤의 이미지

1) 비비드 톤(vivid tone) – 선명한 색조

아무것도 섞이지 않은 선명한 색조의 순색이며 화려한, 강한, 활동적인, 원색적, 본능적인 이미지이다. 대담한 표현과 자극적인 메시지를 전달하는 데 효과적이다. 캐주얼과 팝적인 스타일

2) 브라이트 톤(bright tone) –밝은 색조

순색에 흰색이 조금 섞여 밝은 색조인 것이 특징이며 명랑하고 건강한, 여성적인, 신선한 이미지. 밝고 화려한 느낌의 포멀 웨어나 유희적인 느낌을 살린 캐주얼 웨어에 활용할 수 있다.

3) 라이트 톤(light tone) – 엷은 색조

마음 편하게 언제나 입을 수 있는 엷은 색조이며 세련된, 로맨틱한, 가벼운, 맑은 이미지. 브라이트 톤보다는 조금 더 밝고 온화한 색으로 경쾌한 느낌을 주며 주니어복에 자주 사용된다.

4) 페일톤(pale tone) – 아주 연한 색조

톤 중에서 가장 부드러운 색조로서 로맨틱한 분위기를 나타내고 부드럽고 가벼운 느낌이 들며 여성적인 이미지가 강한 색조이다. 색 자체가 아주 연하기 때문에 보색이나 반대색을 사용해도 강한 느낌이 없기 때문에 고급스런 배색 효과를 얻을 수 있다.

5) 딥 톤(deep tone) – 짙은 색조

비비드 톤에 검정색이 약간 섞여 강하고 전통적인 중후한 느낌을 주며 클래식한 이미지를 나타내는 색조이다.

6) 다크 톤(dark tone) – 어두운 색조

딥 톤보다는 더 어둡고, 전통적이고 권위가 느껴지는 색조로서 남성적인, 단단한, 무거운, 점잖은 이미지. 딥 톤(deep tone)보다도 더 어둡고 무거운 색조이다. 화려함이 없고 소박한 느낌이 강하므로 다색의 배색에도 효과적으로 활용할 수 있다. 블루 계열의 다크 톤(dark tone)은 남성적인 권위를 나타내며 비즈니스 웨어에 가장 적합한 색으로 사용되고 있다.

7) 덜 톤(dull tone) – 칙칙한 색조

차분한, 온화한, 점잖은, 둔탁한, 내추럴한 이미지. 덜 톤의 다양한 배색으로 두드러지지 않으면서 고상한 이미지를 표현할 수 있다.

8) 라이트 그레이시 톤(light grayish tone) – 밝은 회색조

담백한, 엷은, 부드러운 이미지. 우아하고 도시적 세련된 이미지를 표현하는 데 사용할 수 있다. 유사 색끼리의 배색은 지루해서 반대색을 액센트로 사용하는 것이 좋다.

9) 그레이시 톤(grayish tone) – 회색조

우중충한, 탁한 이미지. 침착하고 차분함을 잘 표현하는 색조이므로 누구에게나 무난하게 어울릴 수 있는 대중적인 톤이다. 때로는 도시적인 세련미를 연출할 때 활용할 수도 있다.

TEST	톤 이미지를 활용한 컬러링 방법에 대해 연구

5. 색채 비즈니스

색채는 우리의 생활에서 정말 필요한 요소이며 색채가 없는 세상은 상상하기도 힘들다. 색채는 언어와 같은 도구로 모든 사물의 메시지를 전달해 준다. 이것은 개인이나 기업, 나아가서는 국가의 이미지를 좌우하는 중요한 요소로 자리매김하고 있으며 시대의 흐름에 따라 색채의 역할이 차지하는 비중은 더욱 커지고 있다. 또한, 디자인 개념의 색채는 색채 계획, 정보 수집, 분석, 콘셉트, 마케팅을 통해 상품화되어 소비자들에게 공급되고 있다. 색채는 변화와 활용도에 따라 개인의 가치관을 바꾸며 한 국가의 경쟁력에 지대한 영향을 끼치고 있다.

1) 색채 계획

색채가 사람들에게 끼치는 영향은 매우 크다. 원색의 빨강 의상을 입고 거리에 나선다면 모든 사람들의 시선을 주목받을 수 있다. 색은 그 자체가 '이것이다' 라고 잘라 말할 수는 없지만, 색은 사람의 시각을 통해 많은 메시지를 전달한다. 사람들은 그 신호에 무의식적으로 반응하여 흥분하거나, 기쁘거나, 초조해지거나 해서 그 색에 마음을 빼앗겨 심리 상태가 혼란스러워 질 때가 있다. 그러므로 우리는 색이 가진 메시지를 이해하여 소비자의 욕구를 충족시켜 줄 수 있는 색채를 감지하는 것이 매우 중요하며, 이것은 소비자의 구매 동기와 직결된다. 그러므로 색채 계획은 기업 목적과 소비자의 욕구 충족을 위해 꼭 필요한 영역이며, 이러한 색채계획은 더 많은 다양성을 요구하고 복잡해지는 시대의 흐름에 따라 더욱 치밀하게 분석해야 한다.

2) 새로운 색은 어디에서 생겨 나는가 ? - 정보수집 - 분석

색채는 항상 변화하려는 속성이 있으며 계절에 따라 유행하는 색과 유행하지 않는 색이 있다. 그리고 시대에 따라 유행하는 색채도 다르다. 하지만, 이런 유행이 왜 생기는지는 잘 모른다. 사람들은 모두가 유행하는 색이니까 무의식적으로 따라서 사용하는 경우가 더 많다.

새로운 색은 소비자에게 어필할만한 색을 예측하여 그 색을 만들어 내는 디자이너들이 만드는 것이 분명하다. 색채의 예측은 기술이고 과학이다. 유행색은 대략 일 년 전쯤 발표되는데 이를 트랜드 컬러(trend color)라 하며, 사회·경제적 동향, 전 시즌의 판매 현황 등을 참고해서 결정하며 국제적인 유행색 전문기관과 트랜드 쇼인 프랑크푸르트의 하임텍스타일, 미국의 하우스 퀘어 쇼와 오토 쇼, 푸드 쇼 등이 있고 뉴욕, 밀라노, 런던, 파리에서 열리는 패션쇼에 의해 주도된다.

3) 컨셉 – 이미지 결정

유행 정보 컬러를 수집 분석하여 회사의 고유 이미지를 나타낼 수 있고, 그 시즌의 유행 트랜드를 반영한 콘셉트를 결정하여 소비자의 구매 욕구를 충족시킬 수 있는 색채를 제시해야 한다.

4) 기획 – 생산 – 공급 – Feed back(되돌아가는 순환 과정)

시즌 컬러가 결정되면 상품이 만들어지고 소비자에게 공급하게 된다. 이렇게 한 시즌을 계획–정보수집–분석 정리하여 다음 시즌 유행 색을 결정한다. 색채 계획은, 되돌아가는 피드백 과정을 거쳐 소비자들에게 시즌의 새로운 유행 트랜드 색채를 공급하게 되는 것이다.

| TEST | 네일 아트 유행 색이 결정되는 과정에 대해 조사 |

08 네일아트 테크닉

손톱의 작은 공간에 창조적인 그림을 그리거나 인조 보석이나 스티커 형태를 디자인하는 것 등이 있다. 아트 기법에는 핸드 페인팅(Hand Painting), 라인 스톤(Rhine Stone), 데칼(Decal), 스트라이핑 테이프(Striping Tape), 마블(Marble), 에어 브러시(Air Brush), 포크 아트(Folk Art), 3D(Three-Dimension) 등이 있으며, 종이 위에 인쇄된 특정 그림이나 사진을 필름 상태로 만들어 손톱 위에 붙이는 프로트랜스(pro-trans) 테크닉도 있다. 현재 개인의 개성에 맞는 창의적인 디자인 등이 많이 개발되고 있다.

1. 핸드 페인팅 (Hand Painting)

아크릴 물감을 이용해 디자인 할 수도 있고, 폴리시 타입의 아트 펜을 사용할 수 도 있다.

(1) 순서

① 폴리시를 2번 바른 후 건조시킨다.
② 원하는 디자인을 그려준다.
③ 물감이 건조된 후 톱 코트를 발라 마무리한다.

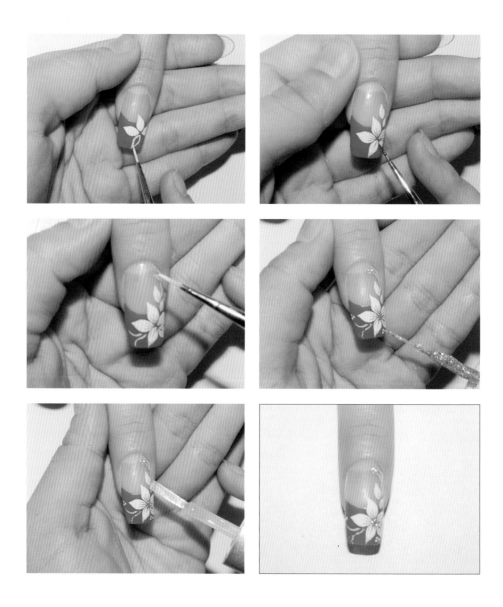

[TEST] 핸드 페인팅 실습일지	
주제	
목표	
실습내용	
실습후기	

2. 라인 스톤 (Rhine Stone)

인조 큐빅을 말하며, 큐빅의 종류, 모양, 색상, 크기가 다양하게 있다.

(1) 순서

① 폴리시를 2번 바른 후 건조시킨다.

② 톱 코트 또는 글루를 사용하여 스톤을 부착하고자 하는 곳에 발라준다.

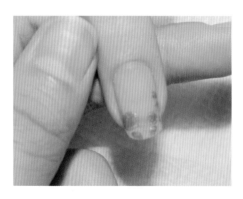
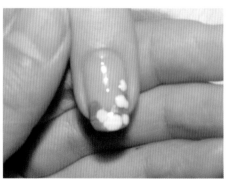

③ 오렌지 우드 스틱을 이용하여 스톤을 올려준다.

④ 톱 코트를 발라 마무리한다.

[TEST] 라인 스톤 실습일지	
주제	
목표	
실습내용	
실습후기	

3. 마블(Marble)

여러 색상의 폴리시를 이용해 오렌지 우드 스틱 또는 마블 툴로 섞어서 문양
을 만드는 기법이다. 물을 이용하는 워터 마블도 있다.

1) 폴리시 마블(polish marble)

네일 표면 위에 두 가지 이상의 색을 발라서 오렌지 우드 스틱이나 마블 툴을 사용하
여 모양을 내며 혼합하는 방법이다.

(1) 순서

① 폴리시를 약간 두껍게 발라준다.

② 원하는 색상의 폴리시를 떨어뜨린다.

③ 폴리시가 건조되기 전에 오렌지 우드 스
   틱이나 마블 툴로 색상을 섞어 디자인을
   만들어 준다.

④ 건조된 후 톱 코트를 바른다.

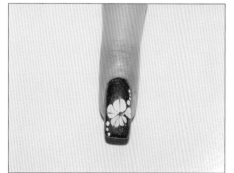

2) 워터 마블(Water marble)

물에 두 가지 이상의 색상을 떨어뜨려 번지도록 하여 손톱 표면을 물 위의 물감 위에
담근 후 손톱을 떠내듯이 물감을 묻혀 주는 방법이다.

(1) 순서

① 베이스 코트를 바른다.

② 물을 채운 볼에 원하는 컬러를 물에 가까이 대고 한 방울씩 떨어뜨려 번지도록 한다.

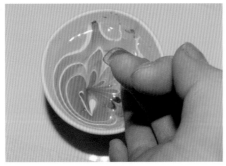

③ 디자인할 몇 가지 컬러를 같은 방법으로 떨어뜨려 준다.

④ 오렌지 우드 스틱이나 마블 툴을 사용하여 컬러를 섞어준다.

⑤ 원하는 디자인 쪽에 손톱을 떠내듯이 묻혀준다.

⑥ 손톱 주위에 폴리시는 리무버로 제거
　 한다.

⑦ 아트 펜으로 좀 더 화려하게 그려준다.

⑧ 라인 스톤을 부착해 준다.

⑨ 건조된 후 톱 코트를 발라 완성한다.

[TEST] 마블 실습일지	
주제	
목표	
실습내용	
실습후기	

4. 포크 아트(Folk Art)

핸드 페인팅의 기법으로 브러시 끝에 2~3가지 색상의 칼라를 바른 후 꽃이
나 여러 가지 디자인을 만들어 준다.

(1) 순서

① 폴리시를 2번 바른 후 건조한다.

② 꽃 그리기
2가지 색을 브러시에 묻혀 꽃잎을 그려
준다.

③ 잎사귀 그리기
흰색과 초록색을 브러시에 묻혀 잎사귀
를 그려준다.

④ 라인 그리기
세필로 라인을 그려준다.

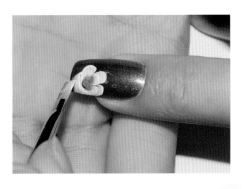

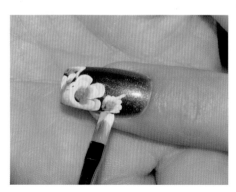

⑤ 아트 펜으로 좀더 화려하게 그려준다.

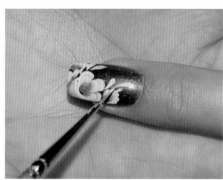

⑥ 건조한 후 톱 코트를 발라 완성한다.

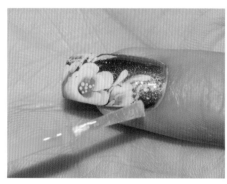

[TEST] 포크 아트 실습일지	
주제	
목표	
실습내용	
실습후기	

5. 에어 브러시

에어 브러시는 압축 공기를 만드는 컴프레서를 사용하여 브러시를 통하여 공기를 뿜어내는 것이다. 당김쇠를 검지로 누르면 에어가 컴프레서를 통해 나오고, 함께 물감이 분사된다. 당기는 힘의 세기에 따라 선의 굵기와 컬러의 선명도 조절이 가능하다. 스텐실을 손톱 위에 놓고 에어와 함께 물감을 분사하고 스텐실을 떼어내면 원하는 디자인이 그대로 남아 있다. 물감을 바꿀 때마다 에어 브러시를 깨끗이 청소해야 물감 찌꺼기가 말라붙지 않는다.

(1) 재료

에어 컴프레서, 건, 물감, 스텐실, 물통, 붓, 베이스 코트, 톱 코트, 오렌지 우드 스틱, 아트 펜

(2) 순서

① 베이스 코트를 바른다.

② 흰색 물감을 뿌려준다.

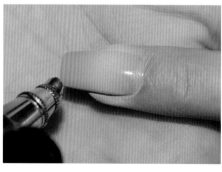

③ 컬러 물감을 이용하여 위에 다시 뿌려준다.

④ 스텐실을 손톱 위에 대고 에어 브러시를
   분사시켜 꽃과 잎사귀를 디자인한다.

⑤ 아트 펜으로 좀더 화려하게 연출한다.

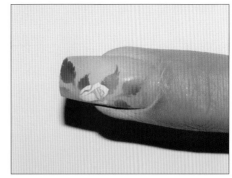

⑥ 건조된 후 톱 코트를 바른다.

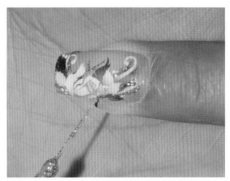

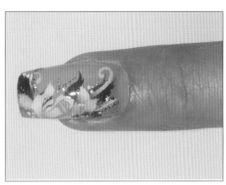

[TEST] 에어 브러시 실습일지	
주제	
목표	
실습내용	
실습후기	

6. 3D 아트 (Three – Dimension art)

3D란 입체적인 디자인을 말하는 것으로 아크릴 파우더에 리퀴드나 브러시 클리너를 사용하여 볼을 만든 다음 어떤 형태를 만들어 붙이거나 손톱 위에 직접 올려 디자인할 수 있는 기법이다.

(1) 재료

아크릴 파우더(컬러 파우더), 아크릴 리퀴드, 브러시 클리너, 디펜디시, 아크릴 브러시, 호일, 핀셋, 글루

(2) 순서

① 호일 위에 흰색과 컬러 파우더를 사용하여 디자인을 만들어 준다.

② 핀셋으로 만들어 놓은 디자인을 떼어낸다.

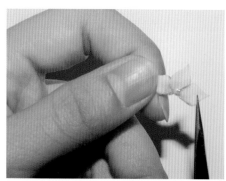

③ 글루를 사용해 꽃잎 들을 붙여 나간다.

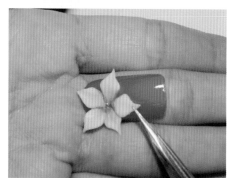

④ 팁 위에 꽃잎과 잎사귀를 붙여 완성한다.

(3) 나비 만들기

① 호일 위에 컬러 파우더를 사용해 나비 모
양을 만들어 준다.

② 화이트와 핑크를 사용해 나비의 무늬를
좀 더 섬세하게 만들어 준다.

③ 핀셋으로 떼어낸다.

④ 글루를 사용해 팁 위에 부착한다.

⑤ 스톤으로 좀 더 화려하게 연출한다.

[TEST] 3D 아트 실습일지	
주제	
목표	
실습내용	
실습후기	

09 실용적인 네일아트

네일 살롱의 실용 네일아트

10 네일아트 갤러리

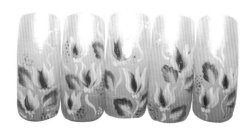

참고문헌

발반사 건강요법/韓·中 자연족부괄사 교수연구회 허맹자 외/예림/2003 | 발정맥 마사지와 족부반사학/김수자 외/청구문화사/2006 | 네일아트/김광옥 외/지구문화사/2007 | 네일 스타일북/김영미 외/예림/2003 | 네일아트Technology/김나영/광문각/2007 | 네일·페디큐어/와타나베 키호/이은주 옮김/2005 | 네일케어&아트/여상미/형설출판사/2008 | 네일관리학/이영순 외/고문사/2003 | 예쁜 손·발 가꾸기/서정은/넥서스Books/2005 | 네일아트/라사라패션정보/2000 | 패션액세서리 스타일북/김연희/동주대학출판사 /2009 | 나의 삶 속의 색/원광디지털대학교/2009 | 스타일리스트를 위한 이미지 메이킹/김유순 외/예림/2004 | The World of Hand Painted&3D Nail | Art/Noriko Naito/通信社/2005 | 네일피아 매거진 2007~2009 | www.naver.com 지식검색

네일아트 매뉴얼 북

2009년 9월 15일 1판 1쇄 인쇄
2009년 9월 19일 1판 1쇄 발행

지은이 : 김경미·김연희·정철순
　　　　이숙희·박주희·박은정 공저

펴낸이 : 박정태

펴낸곳 : **광 문 각**

413-756
경기도 파주시 교하읍 문발리 파주출판정보단지
500-8번지 광문각빌딩 4층
등　　록 : 1991. 5. 31 제12-484호
전화(代) : 031)955-8787
팩　　스 : 031)955-3730
E-mail : kwangmk@unitel.co.kr
홈페이지 : www.kwangmoonkag.co.kr

ISBN : 978-89-7093-545-4　93590

정가 : 26,000원